# 错过你，

## 却成就了最好的自己

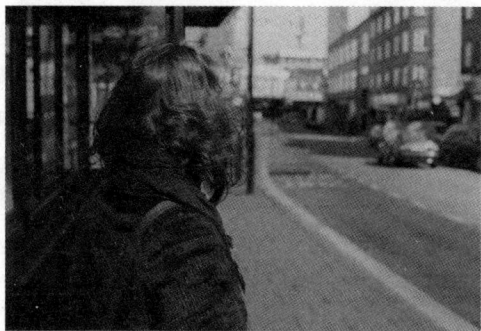

古保祥 著

古吴轩出版社

中国·苏州

**图书在版编目（CIP）数据**

错过你，却成就了最好的自己/古保祥著. —苏州：
古吴轩出版社，2015.1
ISBN 978-7-5546-0379-6

Ⅰ.①错… Ⅱ.①古… Ⅲ.①情感—通俗读物
Ⅳ.① B842.6-49

中国版本图书馆 CIP 数据核字 (2014) 第 285671 号


责任编辑：徐小良
见习编辑：顾　熙
策　　划：王　猛
封面设计：沈加坤


书　　名：错过你，却成就了最好的自己
著　　者：古保祥
出版发行：古吴轩出版社
　　　　　地址：苏州市十梓街458号　　　邮编：215006
　　　　　Http://www.guwuxuancbs.com E-mail：gwxcbs@126.com
　　　　　电话：0512-65233679　　　　传真：0512-65220750
出 版 人：钱经纬
经　　销：新华书店
印　　刷：三河市兴达印务有限公司
开　　本：680×960　1/16
印　　张：16.5
版　　次：2015年1月第1版　第1次印刷
书　　号：ISBN 978-7-5546-0379-6
定　　价：32.80元

如发现印装质量问题，影响阅读，请与印刷厂联系调换。0316-3515999

目录

# PART 1
## 最怕你不够爱我，也不够爱自己

# PART 2
## 相似的人一起欢闹，互补的人一起变老

# PART 3
## 没有不带伤的人，只有不断痊愈的心

# PART 4
## 防备了别人，孤单了自己

# PART 5
## 我 最 大 的 勇 气， 就 是 一 直 爱 你

# PART 6
## 总有一天你会明白，离别也是爱

# PART 7

## 祝我们再次遇见，都能比现在过得更好

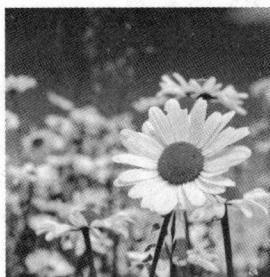

PART 1

最怕你不够爱我，
也不够爱自己

## 你最好遗忘，
## 我给不了你想要的地久天长

一切缘于那场有失优雅的尴尬。

他是她的客户，她去拜访他。当时，她经营着一家健身器材店，而他恰恰是一家公司的采购经理。由于产品出现了质量问题，她不得不过来向他解释，其间双方唇枪舌剑，气氛紧张。

为了消除尴尬，她起身去洗手间补妆，但回来时，白裙子上出现一片片殷红。她不知所措地坐在原来的座位上，脸色绯红。接下来，谈什么，她早忘记了，只剩下一副窘迫的样子。

他起先态度强硬，可任凭他如何发火，她就是心猿意马地坐在对面的座位上发呆。一时间，他也不知如何是好，双方进入了僵持状态。

下班时间到了，他不想再耗下去，准备回家。起身时，他发现了她的难堪。办公室里的同事早已走光了，只剩下他们两个人，他一时间也慌了手脚。他握着手机，茫然无措地摩挲着。她感到手脚冰凉，现在，也许只有他可以帮助她。

他终于开了口："你穿多大型号的衣服？"

她犹豫着回答了他，他便风风火火地跑下楼去。

15分钟后，他抱着一套衣服上了楼。将衣服轻轻放在桌上，他示意她可以去卫生间换衣服。

在卫生间，她打开装衣服的袋子，有两件内衣，两条蕾丝内裤，还有一条与她尺码相符的裤子。这样一个心细如发的男人，在如此短的时间内，竟然精准地找到了适合她尺码的衣服。她感动得热泪盈眶，想起自己捉襟见肘的爱情，她对他竟然有了一种莫可名状的好感。

那天的事件之后，对于这个发现她秘密的男人，她暗生情愫。在那样一种尴尬而窘迫的情况下，这个男人向她伸出援助之手。她以女人的感性判断，这是个值得托付终身的男人，叫她如何不能以身相许？

意料之外的是，他竟然是有家室的人，妻子是温柔贤惠、相夫教子的那种女人。她有些失落，但依然故我地等着他。在他上班的时候，她会出现在他的办公室里，给他送精致的早餐和精巧的礼物，包括男人们爱抽的香烟。

她认定了他，因为属于女人的秘密，在他的面前早已一览无余。有时候，尊严与爱情同等重要。

终于，在某个黄昏时分，她冲进了他的办公室里。当时，他正想下班回家，妻子早做好了饭，等着他回家。

而她，向他倾诉了自己的爱，她哭闹、威胁，包括以死相逼。

他未置可否，她却自以为梦想成真了，爱呈现焦灼的姿态。

另一个傍晚时分，她刚想进他办公室，隔着玻璃窗，竟然发现他的女同事坐在他的办公桌上，二人欢声笑语，甜蜜无比。

虚伪的男人！她破门而入，发了疯似的骂他。如此花心的男人，值得自己托付终身吗？一气之下，她夺门而出，离开了这个伤心的小城。

爱一旦变成了恨，就可能让人丧失理智。她竟然写信给他的妻子，痛诉了他的所有丑事，自己得不到的，别人也休想占为己有。

她回到了自己的家乡，大把的男人踢破了门槛，她均一一拒之。她对他依然心存牵挂：等他们离婚了，自己再趁虚而入。他是一个让她一辈子都难以割舍的男人。

再见到他时，已经是半年之后了，她辗转到小城探亲，其实只是一个借口而已，她早已按捺不住内心深处的狂喜。在百货大楼前，她竟然看到了他们，一家三口，孩子可爱，妻子美丽，而他依然深情款款。

他的妻子与他十指紧扣，她想看到的分崩离析的场面，并没有出现。

那个傍晚，她知道了他所有的秘密：

那段办公室内的情人双簧，是他与妻子、同事一手导演的。他无法给她爱情，所以用一种别致的方式让她死心，直至彻底绝望。这也是一种台阶，不爱的台阶，让她别再对他心存幻想。

任凭她后来无所顾忌地破坏，他与妻子的感情依然牢不可破。他相信：她迟早会忘了自己，而自己的爱情，依然会圆满如初，因为妻子一直是为自己出谋划策的人。更重要的是，他是一个值得妻子用心去爱的男人，他的困惑，妻子一定会全力以赴帮他解决。

"原谅我无法陪你地老天荒，祝你早日找到自己的意中人。"这是男人送给她的祝福。她突然间泪流满面。

一场有失优雅的尴尬，让她误以为可以收获一份美满的爱情。可她没有想到，那个聪慧的男人，用一段善意的谎言化解了她的固执。

世上美好的事物很多，但未必都为你所有。有时候，你只需做一个过客，欣赏了那美丽的风景后就潇洒远走。就感情而言，你更应有一种洒脱的情怀，不是你的，就忘掉。

# 对不起，
# 我不是你的如花似玉

种种迹象表明，她有了外遇。男人的眼睛是雪亮的，一旦有风吹草动，便会马上洞察。

他不算是大男子主义，甚至有些懦弱，也曾有过多次美好浪漫的爱情趣事，但一眨眼便成了历历往事。十余年平淡的婚姻生活，早已将他的浪漫消磨殆尽，如今只剩下山穷水尽与断壁残垣。

她是一家服装设计公司里的女强人，经常加班加点。而他曾经一度成为宅男，在家中带着孩子，日复一日地过着单调乏味的生活。日常开支全是她埋单，朋友们说他遇到了一个雷厉风行的女人，而他知道，他们是笑话他在吃软饭。

他们的爱情，是在校园里开始的：她算得上如花似玉，硬是从他初恋的手中抢走了他；他也算得上出类拔萃，才华横溢，阳光开朗。当年，他的初恋是哭着离开他的，虽然没有刀光剑影，却也是兵荒马乱。

正当他一筹莫展之时，他竟然得知了初恋的消息：她至今未婚，周末回城，准备举办同学会。他怎能错过这个好时机，赶紧报了名。

随后，他忙不迭地找寻过去的旧档，找到了与初恋在一起的照片。妻子曾经穷追猛打，这些照片算是他极力保护的结果。看着照片，重温着当年与初恋相处的时光，他心中七上八下。

同学会上，几杯薄酒下肚，大家打开了话匣。同学们议论的焦点依然在他俩身上：当初多么好的一对儿，如今却形同陌路。

同学会结束后，他单独约了初恋，与她海聊，天南地北地聊，聊到欢处，百感交集。

他知道她要留在本城，她现在富足了，准备再开一家服装店。她问他有没有兴趣，他满口答应。他想好了，要一扫过去的遗憾，弥补对她的亏欠。

妻子很快发现了端倪，回家勤了，看得也紧了。但他依然故我，他早就想好说辞，逼得紧了，就曝光妻子所有的劣行。

半年时光，等于重新进行了一场恋爱。他重拾了遗落的时光，就像一个少年，在沙滩上奋不顾身地寻找着童年落下的贝壳。

终于有了表白的机会，酒入愁肠，借着夜色，借着她的风姿，他倾诉了自己的心事，将自己现在的爱情一吐到底，说到痛处，泪如雨下。他说自己将最好的时光留给了妻子，而如今妻子却选择了红杏出墙，每日里在公司加班，那么多帅气的男同事，不出事才怪。

她只是听，面无表情，等他说完了，她拿出了一大堆文件让他看，竟然全是与他妻子所在公司的合作文件。

　　她解释说："我们都在忙，你不要猜忌她。这一段时间，我与她接触最多，她是个女强人，但一直牵挂着你，这不是你可以出言不逊的理由。还有，我回来，只是为了叙同学的友谊，不是为了听你的风花雪月。

　　"我不是你的如花似玉，你有爱你的人，我更有自己的锦缎岁月。前尘往事只是一场是非纠缠，不能延续你我曾经的山盟海誓。你顶礼膜拜的只是你的过去；现在的你，无论如何标新立异，也永远无法拘留过去的流水落花。再见了，我只是一个远行的陌路人，愿你收拾好你的山河岁月。"

　　当年那个与他寸步不离的女孩，就这样离开了，留给他无尽怅惘。

　　爱情事故不是你可以轻薄的理由，更不是你可以袖手旁观的事情，你有你的如花，而我不是你的似玉。

　　面对一场纠缠，不需要无理取闹，更不用耿耿于怀。一场鞭策，就可以瓦解所有的过错。属于我的，你可以放马过来；不属于我的，我们只能相隔一片距离。

# 许你一抹时光，
# 看尽世间风情

恋爱的时候，她似乎被爱情冲昏了头脑，看到的尽是他的长处，完全看不出他有什么缺点。

没想到，婚后没几日，他的缺点便暴露无遗：破袜子乱扔，脏衣服乱放，地拖不干净，偶尔下一次厨也将饭菜做得难以下咽。

他心里明白，这些缺点都是他过单身生活时留下的，必须尽快改正。她也清楚，其实很多男人都跟他一样，生活上一塌糊涂，便不再那么计较了，只希望他以后慢慢改过来。

可是，令她无法忍受的是，他总是让她待在家里，如果她要外出，他只允许她在他的圈子里活动，从不给她应有的自由。

她斥责他是大男子主义，还有疑心病。他则辩解说，出于她的安全考虑，才不得不看得紧一点。

嫌隙已生，矛盾也就不可避免了。时间一久，她觉得这种日子过得索然无味。

终于有一天，她摊了牌，就像熄了灯一样简单。

他不同意离婚，她也思忖再三，决定与他分居。不然，双方的家长一定会为此事忧心忡忡、剑拔弩张，他们均不想将自己的不幸强加于他人。

她离开了家，去旅游散心。她去了九寨，欣赏了人间奇景；她又去了青藏高原，与藏羚羊一起度过了一个无拘无束的春节。

终于，她耗尽了身上的钱财。可就在流离失所之际，意外发生了，她被困于某座山谷中。数日里，她饥肠辘辘，只能以野果充饥。

好在，凭着顽强的毅力，她走出了山谷。

路过某酒店，她好想大快朵颐一番，无奈囊中羞涩，只能眼巴巴地看着别人狼吞虎咽。

她身边没几个好友，在这样的情况下，谁会心甘情愿地往她的卡里打钱？她想到了他，但无法开口，几次拨通了他的手机，却又慌张地挂断了。

手机忽然出现了提示短信，她的卡中平添了一万元钱。她喜极而泣，不知道是谁打的，父母或者是朋友，无论如何，她都要感激他们。

在回程的火车上，她竟然遇到了一个气度不凡的男子。他是野外写生者，与她一见如故。两人爱好相同，相见恨晚。她终止了回程，与他在甘肃待了很长一段时间。她倾慕于他的才华，恨不得以身相许。

可是，这般浪漫的爱情，也在柴米油盐中失控了，他们开始矛盾交加。原来，爱情如此禁不住纠缠，几粒米就可以将爱情打败，哪怕才华横溢也难以逃脱。

某个清晨，阳光尚未倾城，窗外残叶遍地，她想起了丈夫，那个弱不禁风的丈夫。她拨通了他的电话，一时无语。那边，她的丈夫激动万分地说："总算联系上了，先前给你打了那么多通电话，你一个也没接。卡里又给你打了钱，记得省着点花。"

她笑了，这样一个会心疼她的男人，用这么长的时间容忍着她所有的变幻莫测。原来，他一直等着她，虽然隐忍不言，但家中的门一直为她而开。

她满身疲惫地回到居住的小城。在车站，男人捧着一大束玫瑰出现在她的面前，恨不得让所有的市民都知道，他的真爱已经回归。

回到家后，她意外发现，家里被他收拾得一尘不染，彷佛焕然一新。

那个傍晚，他在厨房里展示了自己练习了好久的厨艺，而她无意中看到了他写的博文：

许你一抹时光，让你去外面看尽世间风情；

许你一抹时光，让你体会到孰是孰非，谁是你的真爱；

许你一抹时光，让你过尽千帆，除却巫山不是云。

她感动得热泪盈眶。

她终于明白，婚姻中出现磕磕绊绊，是再正常不过的事情了，而会爱敢爱的世间男女，总可以用理解和包容来化解尴尬，使婚姻转危为安。与其斤斤计较、耿耿于怀，倒不如细数一下对方的好处，略去所有的不快。爱不需要阴谋，而需要阳光。

## 体贴就是
## 苦不苦都肯去接受

她像一只可爱的小猫，尾随在他的身后。

为了爱情，她告别了风光旖旎、空气怡人的江南水乡，跟着他去了北国冰城。

她曾经这样想：自己的爱情是否也会水土不服？是否会"橘生淮南则为橘，生于淮北则为枳"？自己这个南方娇小玲珑的"小金橘"是否能适应北风的凛冽和肃杀？

不过她又想：只要有爱，其他的都无足轻重了。

没想到，刚刚进入北国凛冽的寒风中，她便因水土不服病倒了，是那种浑身无力的疼。他心疼得不得了，守在床边悉心照料，生怕她这个异乡客感到生分。

但她还是感到莫大的委屈，想起南方和煦的阳光，忍受着手脚上的痒和痛，她禁不住责骂他为什么不留在南方，偏偏为了父母的一纸书信便将爱情换了个方位。

在忍受了将近四个月的折磨后，她实在撑不下去了，准备提前卸载掉他们的爱情。

正当她左右为难时，他却给了她一个惊喜："父母已经答应我了，让我陪你回南方，为了你，也为了我们的爱情。"

她立刻收拾好行装，与他一起拜别二老，然后马不停蹄地离开了。

南方的一切让她恢复了美好的心情，北方给她带来的病痛也日渐好转；他则显出一副很享受南方生活的样子，每天学着做南方的精致小菜，不再像以前那样大口大口地喝酒驱寒。他的适应能力居然如此之强，她禁不住跟他开玩笑说："你太适合南方了。"

她其实不知道，他是为了他们的爱情，不断地鼓励自己适应这里的生活。多少个夜晚，他思念着北国的家乡，梦见父母的白发在疯长。

两年时间里，他们相敬如宾，他一次也没有提起过回北国的话题。

有一次，她翻看他的手机短信，意外发现了他与父亲之间的一连串对话。原来，早在一年前，他的父母就开始身体不好，希望他能够尽早回去。他跟父亲做了保证，再给他一年时间，到时无论如何都要回家侍候二老。她屈指算来，离他回家的日期已经不远了。

想到他为自己所做的牺牲，她突然间觉得自己实在太自私了。爱情是双方共同呵护的暖巢，而自己却心安理得地享受着爱的温暖，让他独自承受着折磨。

晚上，她依偎在他怀中，坚定地说："我们回冰城吧。"

"你不害怕水土不服吗，还有北国的寒冷？"

"水土不服是相对的，心灵的依靠才是绝对的。不信，我们打赌，给我一辈子时间，绝对赢你。"她伸出了手与他勾小指头。

他怔怔地愣了半晌后，潜然泪下。

有爱相伴，再软弱的身躯也可以擎起世间风雨。水土不服的爱情，以理解做底，灌体贴之水，施坚持之肥，这才是最适合爱情生长的条件。

## 要有多少关怀，
## 才能靠近你

男人接到了女人发来的短信：我们生活在一起太累了，分手吧。

男人没有回短信，女人又发了一条：男人何苦为难女人。

他们的爱情走到了尽头，不再有当初的温情与浪漫。这也许是世间男女都会经历的过程，只是有些男女将他们的爱情小心地磨合，就像一辆车，修好了，重新上路，而他们选择了放弃。

男人给女人打电话："今晚回家吃分手饭吧，明天去民政局。"

女人说："我加班呢，迟一点回家。"

男人说："我先做饭，等你回来。"

女人很晚才下班，拖着疲惫的脚步踏上了回家的路。想到过了今晚他们的爱情就会画上一个句号，她也有些于心不忍。回忆着过往的岁月，她心中酸楚，禁不住泪湿衣衫。

远远的，女人看到男人在寒风中紧裹着衣服，浑身颤栗着蹲在楼梯口。

男人看到女人的身影，赶紧大声喊："小心脚下，那里刚挖了一条沟，没有灯，注意安全。"

　　此时，女人才看清楚脚下居然有一条沟壑，如果不是男人提醒，她很可能发生意外。

　　回家后，男人赶紧打开空调的暖风，然后去冰箱里拿食材，准备做饭。

　　女人吃惊地问他："你一直没进家门吗，就在外面等了两个多小时？"

　　"我不知道你什么时候回来。要知道，那条沟壑是刚挖的，我回家的时候，一不留神，整个身子都摔了进去。我担心你路过时发生危险，干脆在门外守着。"

　　女人心疼地拽了男人过来，这才看到男人的脸破了皮，血早已凝固。

　　女人与男人一起走进厨房，两人一声不吭地做着饭。

　　饭做好了，男人端饭时说："电饭煲底部有些糊了，但愿这最后一顿饭不会影响你的心情。"

　　女人毫不犹豫地回答道："不，我还愿意吃你做的糊饭，一辈子。"

　　男人用了近两个小时的时间，填平了摆在他们中间的爱情沟壑。

　　每一种爱都难避免出现沟壑，矛盾通常以凌厉的姿态考验着世间男女。沟壑并不可怕，可怕的是不知道修缮，而令雨水冲毁了坑与沿。聪明的男人，总会以各种各样的忍让与谅解，弥补爱的缺憾。

# 戒了你的心，
# 戒了你的轨

不知哪位哲学家说过"山盟过后，海誓便蜕变为古老的传说"。这句话正在这对男女身上做着最合适的印证。

男人和女人在分东西，他们结婚时的东西。原因很简单，他们的爱情就像窗台上放着的玻璃瓶，一不小心碎了满地。

"所有的东西都给你，这下你总该满意了吧。"男人说话斩钉截铁，他向来是男子汉的形象。

女人没有多说什么，而是坐在床沿上，看着戴在左手无名指上的戒指出神。

这枚戒指跟随了她七年光阴，是爱到深处时，他送给她的。如今，戒指上已经有些淡黄色的斑点，这就是岁月的印痕吧。

她想了想，没再犹豫："这枚戒指得还给你，也许你还可以送给另外一个你不讨厌的，不婆婆妈妈的，不会挑你毛病的女人。"

女人往下拔戒指，可由于戴得年头太久，已经拔不下来了。女人折腾了半天，将无名指的肉皮都快蹭破了，依然没有成功。

"不用了，算是纪念吧。分手后，我们还可以做朋友。"

分手的当天晚上，女人回了娘家。她心情郁郁，便一直用蛮力拔无名指上的戒指，可它就像一粒种子，早已在她的手指上生根发芽，永远无法分开。

第二天，女人去一家首饰修补店寻求帮助。

店老板问她："您需要哪些服务呢？我们这里可以给任何首饰镀金、镶银，还可以将旧首饰修复如新。"

"我是来拔戒指的，您能不能将我手指上的这枚戒指去掉？"

店老板诧异地看了一眼这个饱经风霜、面容憔悴的女人，随后捏着女人戴戒指的无名指端详了一阵，叹口气说："没办法，除非伤了手指。"

也许这就是爱情的残酷吧，到了最后，必须以流血终结。

女人无话，出了店，看着街上车水马龙，只觉得一阵阵落寞涌入心头。

朋友打电话过来，她欲哭无泪，然后说到戒指的事情。

朋友问她："为什么吵架，又是因为一些琐碎的事情，还是因为他外面有人啦？"

"虽然他一副大男人形象，但秉性老实巴交，哪里会出轨啊，还不是因为一些柴米油盐的事情闹得不可开交。"

"老妹呀，你傻呀，这样的男人到哪里找去。好好想想吧，连戒指也不想让你们分开，不然为啥拽不下来。也许，这是你留下来的唯一借口。"

借口，戒指，戒口，女人忽然间破涕为笑。

女人打电话给男人："落东西在家里了，我隔天过去拿，可以吗？"

男人说："屋子的钥匙不是在你手里吗，东西没动，你来拿吧。"

第二天，女人回家时，男人正窝在洗衣间洗旧衣服。他一向没有洗衣服的习惯，可女人离开了，只好亲自上阵。

男人满脸满手都是白色泡沫，活像个大雪人一样冲了出来。

两个人相视一笑，什么话也没说。女人一步跨过去，搂住了男人的腰。此时此刻，不需要任何华丽的辞藻与理由。

男人问她："落什么在家里啦？"

女人满心悔恨地说："落了你，我来取走。"

女人告诉男人，戒指留下了借口，既然取不下来，就证明他们的爱情没有结束。

男人看着女人左手上已经破了皮的无名指，心疼地说："你呀，太任性啦，以后就不用取下来了，永远不要取下来。"

男人想给女人包扎一下伤口，女人阻止了男人："不用，已经好多了。"

男人不知道，女人在昨夜费尽力气，终于取下了戒指，她看到手指上有一道深深的印痕，似乎永远也无法消除，就好像他们的爱情一样。

她不想让男人知道这样的过程，她希望戒指永远取不下来，哪怕长进肉里。

戒口，戒指与借口，毫无关联。戒指是爱的象征，最重要的是可以拴住对方的心灵。戒指与借口，形成了一道无形的屏障。戒口，戒了你的心，戒了你的轨。

## 舍得麻烦
## 你生命中最重要的人

一夜之间，他白了头，苦心经营的公司，由于资金不畅而进入倒闭倒计时状态。

平日里他很少回家，所有的苦痛都要自己来扛。他想起恋爱时的信誓旦旦：买一栋房子，与她相守到老。但现实却残酷得很，他不想让她替自己承受无名之痛。

没想到，很少来他公司的她竟然来了。以前，她只是贤内助，负责在家中抚养儿子。她将儿子打扮得干净清爽，眼睛里尽是机灵，谁见了都说是汲取了他俩身上的所有优点。

他努力挤出一副笑脸迎接妻儿，孩子在他面前撒娇，他也没心思照看。她则一句话不说，翻看他公司的报表，随后跑到各个办公室进行观察，冰雪聪明的她一眼便看出了端倪。她来到他的身边，让孩子到旁边玩耍，她有话要对他说。

"你有麻烦了吧？"她只一句话，他便泪流满面。

她将他的头搂到自己的怀中。他像个孩子似的嘤嘤哭泣，难受得要命。

他向她倾诉了自己所有的不快，包括创业时的艰辛，还有如今的困境。

"我以前做得不好，只知道在家中周旋，其实，我早就应该帮你。"她懊恼着。

"你如何帮我？现在，最缺乏的就是资金了。"他擦干了眼泪。

"别忘了我的专业是管理学，更别忘了我有一帮好闺蜜，虽然长年不见面，但平时没少聊天。也许，她们会帮助我们的。"她笑了起来。

"谢谢。"他忍不住，终于脱口而出，却觉得彼此之间十分陌生，就好像多年以前，两个人初识时一样的谦恭。

"你这人，爱人是用来麻烦的，知道吗？"

这句话，他头一次听说，却觉得十分温馨。那晚，在她的怀里，他睡得舒服安心。

他感觉对不起她，半年前，他认识了一个娉娉袅袅的女孩，愿意嫁给他。他心动了，就差揭露事实后，与现在的她摊牌，然后便分道扬镳。

如果不是公司的事，也许那个女孩早已越俎代庖了。但现在的情况是，女孩决然不想与他承担苦痛，早就逃之夭夭了。

早上起来，她却不见了，孩子早送去了学校，而她则驱车去寻求闺蜜们的支援。

半月时间，她借钱融资，将几百万打进了他的公司账户里，总算转危为安，使得他的公司正常运转。

此时他才知道，她有如此多的人脉；才知道，有这样一位爱人，是多么幸福的事情；才知道，自己差一点就犯了大错。

以后的工作与生活中，他经常会遇到靓丽的女孩，她们纷纷表示欣赏他的才华与财气，但他却一笑置之。他就像一个知错就改的孩子，牢记着那句感人肺腑的箴言：爱人是用来麻烦的，但不是用来拈花惹草的。

爱的双方，无所谓错与对，只要通过双方的举手表决，再错误的观念，也可以熠熠生辉。但爱的过程中，最忌讳的却是猜忌，良心烂了，再多的誓言也形同虚设。

爱人是用来麻烦的，你爱她，她爱你，爱的不仅仅是彼此的优，还有对方的劣。能够互相弥补缺憾的两人，才是世上最圆满的天作之合。

# 不爱，
# 没有理由只有借口

一对已婚多年的夫妻，因为生活琐事而大动干戈，准备劳燕分飞。

他们沉默了一整个夜晚，各自想着沉重的心事。到了早上，两人开始分东西，桌子上扔着一份皱褶的离婚协议书。

他们也是缠绵着爱过来的，可是山盟太重、海誓太远，他们等不到属于自己的天长地久。

中午时分，一个胖乎乎的老太太，推开了他们虚掩的门。她是他们当初的介绍人，听说了他们的情况后，风风火火地从另外一个城市赶了过来。

老太太顾不上喝水，将离婚协议书收在自己的怀里，然后看着杂七杂八的物品摆满了整个客厅。

女的想对媒人说些道歉之类的话，却支支吾吾。

当初，他们都属于大龄青年，如果再不结婚，家中的老人准备在山里给他们各自物色一个伴侣，将就着结婚得了。幸运的是，媒人将他们撮合在一起，他们交往不久便确定了恋爱关系，义无反顾地跳进爱河。

"你们有房子，丰衣足食，其他许多夫妻，每日里辛苦奔波，不就是为了你们现在的生活条件吗？"老太太开始展开劝解，"原因我不想知道了，无非是生活琐事、误会或者是互不谦让。我给你们两张纸，你们分别写下不爱对方的清单。"

老太太不再啰嗦，将两张纸扔给他们，然后自己挪了一块地方坐下来，默默地看着他们。

犹豫了片刻，男人率先拿起笔来，一口气地将她所有的不善解人意列了出来：

婆婆妈妈，唠唠叨叨；

疑心大，总是怀疑丈夫有外遇；

大大咧咧，不会心疼人；

……

女人也不客气，剑拔弩张地表达了自己的想法：

大男子主义严重；

不做家务；

在外面与别的女人眉来眼去；

……

老太太捧着两人的清单，煞有介事地念了起来，念完后，瞅着双方说："我原本以为你们会将对方的长处列出来，可是，你们看到的，全是对方的缺点。你当初对她的誓言呢？让她过上好日子，每年带她到海南旅游一次，你做到了吗？你当初对他的承诺呢？为他生个乖宝宝，一辈子相濡以沫，可你为了一己之私，打掉了怀上的孩子。"

老太太陈述着他们的种种往事，直到他们泪流满面，满怀愧疚地低下了头。

婚恋中的男女，总会被琐事蒙在鼓里，看不到对方的长处，而将过去的承诺扔进风里雨里。列出的不爱清单里，没有一条是致命的分手理由。

彼此不再相爱了吗？不是的，彼此依然深情款款，只不过岁月磨掉了当初的冲动，剩下的是为了生活和爱情而奔波忙碌。其实，彼此依然站在对方内心深处最重要的位置上，没有任何人能取而代之。

让那些不爱的清单随风飘远吧。你们可以在黄昏时找一个寂静的场所，重温旧梦，让爱情回归。别总是在午夜的酒吧里买醉了，厮守才是促进爱的最好的磨合剂。是女人，就要受得了岁月蹉跎；是男人，就要禁得住女人的折腾。

## 你的存在，
## 让我把心情变卖

男人和女人都是暴脾气，在一起的时候，吵架通常是他们的必修课。家里的物品成了他们的发泄工具，经常被无辜地扔来扔去。

女人觉得自己嫁错了，自己脾气不好，为何偏偏又找了个脾气比自己还暴躁的男人。性格不合的结果只有两个：要么忍受，试着改变；要么离婚，天各一方。不过，为了孩子，两人都不敢轻易说出那个最伤人的字眼。

女人试着改变自己的脾气，可跟男人的小打小闹还是免不了。愤怒总得有地方宣泄，谁也不是圣人。于是，女人开始寻找能够发泄情绪而又不伤害别人的方法。

无意间，女人发现网络是个可以包容自己坏脾气的地方。她建立了一个叫"共享愤怒的女人"的博客，又建立了一个聊天群。每当男人惹了她，让她感到委屈的时候，她就在网上发泄自己对老公的不满。这样一来，她的情绪就能顺利发泄出去，心口不再压抑了。

男人以为女人退缩了，他在无气可撒的情况下，只好选择了妥协。

　　女人的博客经常有人光顾，她在博客里详述了每一次跟男人吵架的经历，博友们纷纷跟帖议论。原来，这世上竟有如此多怒气冲天的女人。

　　后来，女人的聊天群加满了人，可还是有人申请加入。女人意识到，她在生气时说的那些话，可能会给其他女人造成不好的影响，于是以群主的身份劝慰大家："以后我要收敛坏脾气，设身处地为男人着想。"

　　渐渐的，女人的聊天群反而出现了一片和谐的气象，大家有怨气时，便会吐出来，女人通常利用自己的案例进行分析，结果便是所有的女人都对她佩服得五体投地。

　　男人终于发现了女人的异常，他觉得女人在外面一定有了网友，便密切地搜寻女人在电脑上留下的各种记录。女人在这个时候通常抿嘴一笑，将群撤了，将博客关了。男人没有发现任何证据，觉得女人一直在"毁尸灭迹"，他更加谨慎起来。越是如此，女人越是觉得好笑，因为男人的异常表现证明了一个颠扑不破的观点：他是个在乎自己的男人。

　　男人终于逮到机会，尾随女人到了一个秘密地点。那里聚集着许多人，男人细看之下，发现竟然全是女人。男人觉得不可思议，认为这是女人搞的鬼，便扔了工作，继续自己的追踪行动。

　　在那个秘密地点，女人们一起锻炼身体，陶冶情操。男人为没有找到女人的把柄而失望至极，女人则笑靥如花。

　　后来有一段时期，女人一直在打扮自己，精心地画眉，细腻地擦粉，仿佛要出席某场爱的嘉年华。男人终于控制不住了，冲过来想发脾气时，却看见女人义正词严的脸，只好委下身来问："你要去哪里？"

女人回答："我去参加某项活动，现在不能告诉你结果，看电视吧，明天晚上黄金时段。"

女人这是在摊牌吗？还是在挑衅？

男人于那个时段打开电视，却是市电视台的一档娱乐节目，当天的节目邀请了一群"共享愤怒"的女人，妻子是首席代表。她娓娓而谈，口吐莲花，以实际案例讲述夫妻之间如何磨合感情，如何忍让对方，如何互补性格的差异。

妻子无疑是整场活动中唯一的亮点，她在每一次停顿后，总会赢得一阵如雷般的掌声，掌声拍在男人脸上，有些疼痛。

男人疯狂地打开了电脑，按照电视上的提示进入了女人的博客，一共有一千多篇博文，延续了三年多时间。在一千多个日日夜夜里，女人以这样一种方式无声地原谅着男人的过失，男人突然间泪流满面。

男人给女人送了张纸条：感谢你制止了我的愤怒，你是全天下最聪慧的妻子。

一周以后，男人建立了一个叫"共享愤怒的男人"的博客，成立了一个专属男人的聊天群，男人以群主的名义向女人发出了邀请：共享愤怒，安享和谐。

## 感动发生的前奏，
## 往往是沉默

　　他们原本是无法走到一起的，命运却将他们的人生编织在一起，成就了一段永恒的童话。

　　他天生是个哑巴，孤苦伶仃。她随母亲流落到了他的家乡，也算是机缘巧合吧，母亲在一个雪天病倒在他家门前。

　　推开低矮的房门，他发现了她柔弱的目光。当时，她饥寒交迫，徘徊在死亡的边缘。他让她和她的母亲进屋，结果母女两人一住就是三年光景。她的母亲在这里养病，他呢，没有任何怨言，整日里奔走着请医生给她的母亲看病。

　　可是，她的母亲在一个大雪夜离开了她。弥留之际，她的母亲死死地抓住这个哑巴男人的手。她早已把他当成了自己的亲人，她明白，母亲是要他照顾她一辈子，她忍痛点头。

　　她喜欢看书，他家中有许多古书，她有事没事便翻看。他看得出，她是上过学的，可能因为家境贫寒才辍了学。她这个年纪，该上大学了。于是，他送她到附近的学校念书，把她当成亲妹子照料。

他有语言障碍，但有的是力气，他比划着告诉她，他就算做苦力也要供她上大学。当时，她的眼泪汹涌而下。

工作中，他偶尔会受到歧视。那一天，工友们戏弄他，正好被她撞见。她替他鸣不平，与一帮小子们唇剑舌枪起来。他们没想到，他居然有这么一个口齿伶俐的漂亮妹妹，于是便动手动脚起来。看到她受了欺负，他内心深处的愤怒如洪水般澎湃而出，他高举拳头，打得那些小子们跪地求饶。晚上回了家，她就着灯光替他包扎伤口，哭得梨花带雨。

她考上了大学，他每月给她邮钱来，却从不到学校里看她，她知道他是在替自己维护尊严。班里有许多男生喜欢她，她却置之不理，因为她的心早有所属。她早就做好了打算，毕业后要回到他的身边，他需要女人的呵护和照料。

他坚决不答应她的请求，他比划着告诉她，他是个哑巴，会给她带来一生的贫穷。她哭着说没关系，他还是没答应她。

没过多久，她突然病倒了。他送她到医院后，医生告诉他，她嗓子里长了个瘤子，可能一辈子都不能说话了。

他痛哭流涕，在她的面前比划着说都是自己害了他。她用眼神告诉他，我们同病相怜，我们结婚吧。

就这样，他们从同病相怜过渡到了相敬如宾和举案齐眉，养育了一个健康可爱的孩子，并且相濡以沫过了二十年光景。

有一天，他突然病倒了，是严重的心脏病。他全身浮肿，双手无力抬起，只有用眼神与她交流。这一次，她坚强地忍着没哭，她娴熟地根据他的眼神照顾着他，她希望她的虔诚能够换来奇迹。

他还是去了。在一个寒冷的冬夜里，她突然想起了那个大雪纷飞的夜晚，那双炯炯有神的眼睛，而如今，他们却阴阳两隔。

在为他操办丧事时，她突然说："他还是走了。"接下来，号啕大哭。

是她为了报答他，编织了一个二十年不说话的谎言。二十年，足以令一座城市毁灭甚至重生，但她却做到了滴水不漏，这才是真正的爱！

二十年的沉默，只为换来一刹那的芳菲。听起来似乎不可信，宛如天方夜谭，但这是真实的故事，而且就发生在我们的身边。总会有些爱，不奢华、不作秀，却可以经受得住时间的考验，这才是真爱、大爱。

PART 2

相似的人一起欢闹，
互补的人一起变老

# 有的人，
## 一旦错过就不在

她是一个以写字为生的女子。

她梦寐着她笔下的爱情某天能够出现在自己身上，绚丽浪漫，刻骨铭心。

在一段初夏的和煦时光里，她的梦实现了。

在一次笔会上，她遇见了他。他脸上展露的灿烂笑容像是一种花香，沁入她的心脾。她恨不得变身为一只可人的小鸟，栖在他的肩头。

他们吟风弄月，畅谈人生，一起度过了几天的浪漫时光。分别时，她记住了他的笑，以及他的手机号码。她对他说："我穷得很，没有手机，只有一台老式的座机电话。"他说："没关系的，只要能联系上就好。"

每逢写字累的时候，她都会按响他的电话。不过，她不善于记数字，总嫌按号码麻烦。好在座机电话上有重拨键，而除了他之外，她几乎不联系别人，所以她每次都是按下重拨键，然后那边总会传来他温柔的声音，无论是白天还是黑夜。

有一次，她按了好多次重拨键，他都没有接听。她胡思乱想着，依然固执地按着。好不容易拨通了，那边却传来一声声惊雷。她突然想到，打雷天是不能随便接手机的，这是一个手机使用的常识。他在手机里说："不好意思，接迟了，我刚才去洗澡了。"她知道，他是为了掩饰外界环境的干扰而编织了一个谎言。放下电话，她会心一笑，被他的真诚和他的关爱所感动。

那天，一位大学时的女校友找到了她，非要拖着她去参加一个舞会。她不喜欢这种场合，总觉得自己不适合或者自己根本就没有一套像样的舞会服饰。

在舞会上，她遇到了另一种炽热的目光。当时，那个富贵的男人把她当成了古代弹箜篌的女子，先是请她跳舞，然后给她讲这世上最美丽的爱情童话。她被蛊惑了，心潮从来都没有那样澎湃过，就好像有人扔了块金子在她的心海里，从此再未平息。

晚上回家后，她借着酒力撕掉了自己所有的作品，她不停地哭，哭自己命运不济，偏偏生在一个贫寒的家庭。电话响了，是在笔会上认识的那个他打来的。她在电话里大骂他无用、卑微，问他除了会写字还会做什么。他说他只会写字，别的一窍不通，是一个十足的疯子，也是一个不知道女人究竟需要什么的傻子。

她挂断了他的电话。第二天，她开始了一种全新的生活。那个富贵的男人对她很好，给她买了很多饰品和衣服。她可以正大光明地出现在任何高档场所，她的美艳加上珠光宝气的点缀，简直成了画里的仙子。

从那时起，她住进了一栋豪宅里，再也没回过先前的住所。她每天过着花天酒地的生活，想到以前从未想过的美梦，她会笑笑，然后哭哭，笑自己居然也成了轻薄的女人，哭自己居然实现了华丽的转身。

某个周日，她出去找几个老同学游玩。在一条熙熙攘攘的大街上，她突然看到了那个富贵的男人，他的旁边赫然站着一个比她还要妖娆的女人，一个孩子正走在他们中间，不时地叫着"爸爸、妈妈"。

她惊呆了，就好像有人打破了镜子，或者有人拿石子扔在湖里。她哭着跑开了，眼泪如一树的梨花纷纷掉落，落得惊心动魄，回天无力。

她回到了先前的住所，习惯性地按下了重拨键。可是，她听到的却是电话已停机的声音。她诧异地看了看号码，没有错，可她却没有意识到自己已经半年没有跟那个他联络过，就好像一只风筝突然断了线，然后便是咫尺天涯。

那个他的电话号码，她再也没有拨通过。她突然明白了，爱情是没有重拨键的。这世上，并没有一味的等待，就好像一株树，不会因为某个人而永远不开花。

错过了一场雪月风花，也许就错过了一生的爱情。许多时候，不是我们不会爱，只是我们不懂得等待。也许有一天，你按下了爱的重拨键，等待你的或者是忙音，或者是一个永远的空号。这世上，不会有某个人等你一辈子。

# 别在亏欠爱时
# 才感到抱歉

她一直认为，他是个寒酸的男人，不仅衣着上不讲究，而且行为上也缺乏男人应有的气质和大度。在内向和憨厚的他面前，她一直占着生活和感情的上风。所以，从一开始，她注定成为花，而他，只是一株长在庭院里的草。

她在机关工作，外面的应酬很多，而他呢，由于不喜欢在外面工作，自然而然便接替了她原先的"内务"任务。因此，每天下班回家，她总能吃到他亲手做的美味饭菜。这个男人，还是有优点的，这世上会做一手好菜的男人，真的没几个。

她常常接到紧急出差的任务，并且一出差就是好几天。到外边后，她总是发生手机停机的状况，不是别的原因，是因为电话量真的太大了，她原先充值的话费根本不够漫游的费用。每次手机欠费停机，她都着急得不得了，就找个公用电话亭，告诉他到家对面的移动电话亭为她交话费。

回家时，她总是抱怨他："你怎么回事，不知道我手机欠费了吗？整天都胡忙些啥呀，连老婆的事情都考虑不周，你还是个男人吗？"

他忙着赔礼道歉，嘴里面说着告饶的话："下次一定会注意的，从今天开始，如果你的手机再欠费停机，拿我是问。"

从那以后，每次她的手机余额不足时，总会收到一条已缴费的短信，提示她已经有人为她交了话费。她幸福得不得了，那些恩爱的短信，成了她最温馨的享受。

慢慢地，她觉得自己的心情在变坏，总是没事有事便骂某个事物，恨某个人，还没到更年期，这心怎么如此烦躁呀？而他成了她的发泄对象，诸如"一个大男整天待在家里，真没出息"，"你看人家某某某当了一个地道的经理，你却还在混日子"之类的话，在全然不顾及他的感受的情况下，她便脱口而出。而其他方面的一些因素，也会引得她大发雷霆。最厉害的一次，她摔了他给她买的廉价耳环，嘴里嘟囔着要与他分手。

正在事态恶化时，他远在东北的老家突然打来电话，让他赶紧回家，说是母亲病危。他顾不了许多，心急火燎地去了火车站，买了票回老家。

一个人守在清冷的家里，她忽然觉得心如刀绞，没有人为她做饭，也没有人听她刺耳的骂声。原来，仔细想想，她所有的宣泄只是因为她还在意他，或者说她的心中还有他存在的位置。

三天后，她禁不住打了他的手机，毕竟他第一次出远门，又是母亲病危，那边却传来惊人的声音："你所拨打的电话已停机。"那声音是如此的冷漠，像是有人关了门，上了锁，或者说自己深爱的人突然间就消失在自己的生命里。

　　那天，人们看见一个女人冒着瓢泼大雨去买话费充值卡，一面充值，
一面痛哭流涕。

　　原来，当爱情遇到困难的局面时，只要是深爱的人，都会毫不犹豫地
为自己的爱情充值。他一直在默默地做着，已经许多年了，正是他悄无声
息地耕耘，才换来自己的笑容和欢乐。那天，她把幸福和知足常乐充进了
他的手机里，等待着爱情的回归。

## 没有一种新鲜
## 能抹灭平淡

女人冷冷地看着男人，沉默不言。男人刚刚摊了牌，提出了离婚。无需惊讶，生活本来就平淡如水，男人有了新欢，对方总是可以带给他无穷的乐趣与激情，而女人则是中规中矩，每日里只会过人间烟火的生活，这样的爱情，味同嚼蜡。

女人没有闹、没有哭，甚至连娘家人的电话也没有拨打，更没有提及七年前男人立下的誓言。那个时候，他们年轻潇洒，天也清，风也静，他们的爱情没有一丝污染。

双方对峙了三天后，女人打电话约了男人，他们吃了最后一顿由女人亲手做的饭。她是那种上得了厅堂，下得了厨房的女人，一手的好厨艺。这顿饭男人吃得十分苦涩，也有一些于心不忍，但电话里传来新欢的柔情蜜语，由不得他顾念旧情。

女人语重心长地说："日子是由平淡组成的，平淡才是常态，我只能告诉你，没有一种新鲜可以将平淡打败。你与现在的她，究竟会有怎样的结果，我们拭目以待。"

他语塞了，她则扔下碗，签了协议，走进了风里。

最后一顿饭，直到新欢过来的时候，仍然没有收拾。他示意新欢打扫战场，她则白了他一眼："这是你的任务，以后全由你完全。"

他有些后悔，但木已成舟。男人草草洗了碗，但上面干巴的饭泥，无论如何也清除不掉，他索性将碗扔进了水槽里。

男人离婚后，很快就跟新欢结了婚。两人去了海南度蜜月，燕语莺声，花天酒地，几天工夫，他便花光了一年的工资。

婚后80天，他终于忍不住了，痛斥新婚妻子花钱大手大脚。她哭了起来，扔了杯，砸了碗，将他做好的汤倒进垃圾池里。

他开始哄她，她则不依不饶："你什么条件，二婚，我可是妙龄女子，嫁了你，是来享福的，不是来受罪的。"

日子果然日渐平淡起来，他们在一起时，苦多甜少，悲多喜少。小女人面对一个大她十岁的丈夫，无论如何也提不起兴趣。她不甘于平淡，将自己的交际面扩大化，结识了很多红男绿女，经常邀他们来家里开派对。

一天晚上，她在家里与一帮年轻男女狂欢。他嫌吵，一人落寞地走在大街上，竟然遇到了前妻，她面容姣好，保养得如春天的嫩芽。他尴尬万分，倒是她主动上前问候。他突然间顿足捶胸，为先前的离婚而懊悔。

没有坚持多久，他便主动跟小女人提出了离婚。小女人毫不犹豫地分走了他的一半财产，扬长而去。

他想起了前妻，迫不及待地打了她的电话，他告诉她："你说的没错，我太傻了，没有一种新鲜可以将平淡打败。"

电话那边，他隐约听到了另一个男人的声音，他禁不住问："难道你？"

"是的，我已经结婚了，他是一位老师，教数学的，我们都喜欢这种平淡的生活。"

他挂断电话，感到无尽的怅惘。为了排泄忧愁，这个年近四旬的男人，喝了个酩酊大醉。

花不会常开，叶不会常绿，日子不可能每天都风生水起，浪漫是制造出来的，不是上天时时刻刻的眷恋。

柴米油盐虽小，举案齐眉虽轻，却是神仙也羡慕的人间乐事。

# 离开后，
# 依然能遇见幸福

　　她是喜欢侍弄花的女子，单身多年的她，习惯在百花丛中释放自己的爱情观。是哪位作家说的，总会有一些女子将所有的爱都安置在其他物事上，而她正是这句话的代言人。

　　他遇见她时，她正蹲在一家花店的偏僻角落与花共语。那是一家花店的开业典礼，来的尽是本城的名流，她能够过来，完全是因为她是花店的常客，是品花的高手。

　　他走近她时，闻到莫名的清香在她的周围荡漾着，他一眼就爱上了她。他们从一朵月季开始聊，聊了一阵后，就自然而然地转到了结婚的话题上。两人对爱情的看法出奇地相似，聊得非常投机。

　　自此后，他们便开始交往。三个月后，他们步入了婚姻的殿堂。

　　婚后，她在家里养了很多花。她对花有着由衷的喜爱和研究。她能够分清哪些花对肺部有保护作用，哪些花具有提神的功效，哪些花伤春，哪些花悲秋。他们室内的空气清新得很，似乎是她不经意间将整个春天搬了进来。

　　有一段时间，他生病住院了，她哭着鼻子跑到医院照顾他。几天后，她忽然想起了什么，一副神不守舍的样子。后来，她跑回家里，将几株花搬到了医院的病房里。起初，医院不允许她这样做，她好说歹说，与人家辩白，说这样有利于病人的身体健康，最终获得了医院的同意。夜晚时分，她高兴地告诉他："我请了个花匠到家里，替我侍弄那些花，我害怕它们会枯萎了。"她继续说："在我的生命里，你和花都是最重要的。"他问她："哪个排第一呢？"她想了想，有些狡黠地回答他："都排第一，不过花又起了个头。"

　　他经常出没于各种各样的风月场合，难免会有一些惹人非议的举动，但他每次都会想到她，他曾经答应她要一心一意地照顾她一辈子，绝不容许别人染指他们的生活。

　　可是有一次，他真的是不能自持地被另一朵花吸引了眼球。那个她，有倾国倾城的貌，一笑百媚生，一哭红颜闹。所有的机缘都在无比巧合地考验着他的爱情矜持度，他终究没有控制住，栽倒在她的石榴裙下。

　　时间一久，他开始讨厌那个喜欢侍弄花的她了。相比下来，后来的她会调情，知道如何心疼他，而那个喜欢侍弄花的她只会关心自己的花，好像她就是用花做成的。

　　几经考虑下，他对喜欢侍弄花的她提出了离婚。当时，她的一朵月季突然间就死掉了，她正在为它的离开伤神。听了他的要求，她起初是怔怔的，没一阵，便开始收拾自己的行囊。分别时，她没有哭，只是向他摆了摆手。

另一个她搬了过来，她讨厌满屋的千娇百媚，一口气将所有的花都扔到了大街上。屋里恢复了原来的钢筋水泥味，他闻起来有些反胃，但是这个她喜欢。

一个情人节的夜晚，他突然想起要为现在的她买一束玫瑰花来表达爱。满街的玫瑰乱了他的眼，他认为到大型花店买花比较保险，便来到一家大型花店的门口。那店起了个很好听的名字——月老百合店。

当时，他看见喜欢侍弄花的她正和一个高大的男子在门口招呼客人。她看到他，笑着说请进。她知晓了他买花是送给现在的爱人的，便让他随便挑。他挑花的时候，看到她将手自然而然地放在那个高大男子的肩膀上。

他与她初次见面时的那种莫名清香又传了过来，只不过物是人非，她已经成了别人的伴侣。

有一些女子，她们对花草鸟兽一样充满爱，她们在自己的恋爱里，更会风情万种。爱入其中时，她与他之间隔着的，只不过是一朵花与另一朵花的距离，而最后分离，是某一方先行松开了缠绵的线。

# 感情不是作秀，
# 没必要浮夸

那时，她正是天真烂漫的年纪。有天，她的表哥和表嫂来她的家中做客。夕阳西下时，表哥提出要出去跑步，由表嫂作陪。他们坐在矮凳上换跑鞋，表嫂没等表哥动手，便恩爱地将跑鞋套在他的脚上，同时伸出手麻利地为表哥系上鞋带。这一幕情景，她看得出了神。表嫂抬起头说："你表哥手笨，幸亏遇到了我。"

从那时起，她从内心深处发誓，要找一个愿意为她系鞋带的男人，没有别的要求，就这么简单，为她系一生一世的鞋带。

她遇到他时，被他的飒爽英姿所折服，当他的手放在她的肩头时，她突然有了一种以身相许的冲动。

婚姻生活平而不淡，这是她恋爱时对他的要求，但随着日子一天天悄然流逝，她突然有了一种失落感。看着在自己身边鼾睡的他，她扪心自问，这就是自己的最爱吗？

翻阅自己多年前的日记时，她突然想起自己的夙愿，她发疯似的翻箱倒柜，找出了当年他穿过的那双跑鞋。她要找一个时机告诉他，要他陪她跑步，并且让他帮她实现她多年前的爱情心愿。

一周后的一个下午，受朋友之约，他们要到西山滑雪。他拿出刚为她买的滑雪鞋，神秘地笑着说："给你一个惊喜。"

她脸上装作若无其事的样子，其实心里早已经笑开了花。

和他们同去的，还有一位朋友的妻子。朋友有急事，嘱托他们照顾她一下。

她看着那位朋友的妻子笨拙地弯下身去换滑雪鞋，好不容易穿上了，却总因站立不稳而无法系好鞋带。正在此时，他却主动向前帮忙。他大度得很，没有屈尊降贵的窘迫，更无大献谄媚的尴尬，就像给一个未成年的小姑娘系鞋带一样。

她心里很不是滋味，本来是为了考验他对自己的感情是否牢固，他却抢先帮助了别人。她赌着气自己系好了鞋带，飞也似的滑出去好远，将他丢在了后头。

从那天起，她有事没事时，总找借口和他争吵，开始时他还让着她，直到后来有些变本加厉时，他才还起嘴来，双方白热化时，她摔门而去。

那一天，她在别处听到了表哥离婚的消息，是表嫂首先提出的。这个消息冲撞了她的爱情观，她一下子晕了：怎么会这样？

老公来接她时，她仍在街上游荡。她将表哥离婚的消息告诉他，本来以为他也会大吃一惊，谁知道他却说："我早就看出来了，你那个表嫂是在秀恩爱，他们是表面夫妻，迟早会散的。"

　　她想了想，话锋一转，问他："你那天为什么不愿意为我系鞋带？"

　　他脸红得像个犯了错误的孩子："可能是我不懂得为你系吧，我只是将援助之手伸向了弱者，在我看来，帮助你系鞋带并不是爱你的唯一方式，我不会作秀，不懂就是不懂。"

　　她突然若有所悟地一把搂住了他，会系鞋带者有了外遇，不懂得系鞋带的人却对自己疼爱有加，她懂得了爱情的变通。

　　原来，那个不懂得为她系鞋带的男人，竟然是自己的最爱。

　　不懂得系鞋带，并不是不会爱。系鞋带并不是表达爱的唯一方式，我爱你，会送你天荒与地老，会守着你一辈子到老。

## 可以等下去，
## 也是种美好

那一年夏天，阳光惨烈得像极了她曾经富有，现在却一穷二白的爱情。她的婚姻才刚刚度过五年时光，却因为无法容忍对方的缺点而宣布解散。

生命中没有几个五年，在过去的五年里，她将青春孤注一掷地押给了他。没想到，命运跟她开了个致命的玩笑，她和他的爱情丧失在彼此无法容忍的客观现实里。

离婚协议就放在他们面前，她强忍着没哭，她却看到他的眼角隐隐闪现着的泪光。他们要了两杯柠檬茶，那种苦苦的茶。

他最后恳求她："留下来吧。"

她说："没机会了，以前给你太多的机会，可每次你都让我失望，我要走了，再见。"

尽管他一再表白，但她的心在那一刻却如死灰。他的手停在离婚协议书上，笔微微颤抖着，协议书上面签着她的大名，另一段空白留给他，也留给他们曾经的风花雪月。

　　他还是没有签字，等她转身看他时，他早已如一只断线的风筝，消失在她的视线里。

　　离登机的时间还远，她没有离开茶舍，而是将他丝毫未动的茶碗端了过来。她开始拿勺子戳柠檬的皮，一下、两下……然后感到所有的苦味全部散发出来。她喝了一口，有些无法忍受柠檬皮的苦味，便大声地叫着服务员。她告诉那个男服务生，要求换一杯茶，并且茶里的柠檬要剥皮。

　　男服务生犹豫了一下，然后为她换了一杯冰冻的柠檬茶，但茶里的柠檬还是没有去皮。她大声斥责男服务生："你没听清吗，我要不带皮的柠檬。"

　　男服务生看了她一眼，不慌不忙地解释说："请您耐心等一会儿，柠檬皮只有经过充分的浸泡之后，它的苦味才能溶解于茶水中，那将是一种甘洌清醇的味道。您不要着急，千万不要想着在1分钟内将柠檬的苦味全部挤压出来，那样只会将茶水搅得很浑浊，将事情弄得一团糟。"

　　她愣了一下，心中突然有一种被触动的温暖。她问男服务生："需要多长时间才能将柠檬的香味发挥到极致呢？"男服务生回答她："12个小时。经过12个小时的浸泡，柠檬的所有精华就会全部释放出来，也就是说，如果您想得到一杯甘醇无比的柠檬茶，就必须经受得住12个小时的等待。"

　　男服务生顿了顿，继续说："不仅是泡柠檬茶，生命中的许多抉择，只要能够给自己12个小时的思考或者等待，就会出现意想不到的转机。你会突然发现，原来，事情并没有想象的那样糟糕。"

　　她笑了，男服务生有些哗众取宠，但她喜欢他这样取悦于人，他的一席话使她的内心受到了一次温馨的洗涤，她感到自己原来的不可一世在瞬间烟消云散，更多一点的，是那些美好无比的往事，仿佛就在她的身边触手可及。

　　她撕碎了离婚协议，带着那张机票，满心欢喜地回到家。她开始自己动手泡制柠檬茶，然后，坐在桌子前静等。她看着一片片柠檬开始自由地呼吸，它们渐渐张裂开来，她感受到柠檬的香味和灵魂在溶解，最后，她发觉自己早已泪流满面。

　　12个小时后，她听到了门铃的响声，打开门，便看到一大束红玫瑰正在跳动着青春的热情。他颇有绅士风度地对她说："我向你道歉，能再给我一次机会吗？我知道以前都是自己的过错，希望你原谅我。"

　　她拉了他的手，在他面前放了一杯柠檬茶，他喝了口，然后整座房屋里都是醉人的馨香。

　　以后，不管遇到多少烦恼，都让我们静下心来，好好地想一想这杯柠檬茶，因为，它需要经过12个小时的等待，才能释放出所有的芳华，我们的爱情也如此。在想要分手的时候，给自己12个小时的生命过滤。生命如茶，爱情如茶，慢慢地等待后再去爱，滋味无穷。

# 不信任爱，
# 怎么能够得到爱

女人有一个体贴入微的丈夫，丈夫待她很好，他们就像天上的月亮与星星一样交相辉映。丈夫有着极其体面的工作，是某银行的高层。不甘落后的她为了取得与他平等的地位，业余时间自学成才，终于在春节前成了某私企的中层，总算将两人的差距拉小了些，她感觉近距离的幸福居然如此美妙。

那天早晨，她照常去上班，心情如同皎月一样纯净、明亮。临走前，她没忘吻一下丈夫的额头，她希望这种浪漫能够长久存留于他们中间。

快要进办公室门时，她竟然听到了同事们的议论声："男人呀，可不能有钱有位子，有钱了就会在外面包养情人。"她推门而入，同事们看见她，赶紧一哄而散，坐下时有的还交头接耳地小声议论着，同时还斜着眼看她。女人的直觉告诉自己，同事们刚才谈论的内容可能与自己有关。她的心里禁不住打翻了五味瓶，想起近几天丈夫总是敷衍塞责、草草了事或者言不由衷，她顿时明白了。第六感觉告诉她，她一直担心的事还是发生了。

一整天，她的心情都糟透了。她会无缘无故地骂刚才议论事情的同事；也会捕风捉影地快步走到他们中间，偷听他们究竟又在说自己什么坏话。她将这一切都归根于丈夫的不自尊、不检点，有些事情可以忍受，有些伤害碍于尊严，必须反抗到底。

回到家时，她赌气没给他做饭，他回来时，屋里仍是清锅冷灶的，她直白地问他："最近做了什么亏心事，跟谁鬼混呢？"男人被问得一头雾水，他尽力压住怒火，和蔼地摸摸她的头。她一把甩开了，让他马上回答问题。男人本来心情挺好的，白天辛苦了一整天，晚上回家时本希望是暖暖的情景，没想到却是这种待遇。他们吵了起来，越吵越凶，她上前抓他的脸，准备让他来点破相，好让别的女人知道她的厉害。他一时疏忽，抬手打了她。

他们闹腾了两天，最后不欢而散，匆忙间离婚证办得利利索索的，绝对比谈恋爱时要迅速得多。

女人离婚的消息不胫而走，整个单位都在为他们惋惜。当下属们问她具体原因时，她一股气将那天偷听到的他们的谈话内容说了出来。下属们个个大吃一惊，他们说："经理，你误会了，我们说的不是你先生，你可能搞错了。我们看见你后就跑，只是觉得你是上司，害怕你炒我们鱿鱼，我们坐下后仍然交头接耳，只是觉得谈得不彻底，有些意犹未尽，所以，想再聊点最新消息。"

她一下子懵了，匆匆忙忙地向他单位跑，刚跑到一半，便传来了不幸的消息：她丈夫喝了一夜的酒，清晨开着车冒险去单位上班，车从桥上跌了下来，人再没醒来。女人跑到医院时，医生交给她一些丈夫的遗物，最上层赫然一本被血染红的离婚证书。

女人痛苦到了极点，没有根据的猜忌，结束了自己的婚姻，也结束了丈夫的生命，世上最爱她的人和她最爱的人永远不在了，只留下永远无法挽回的败局，让人后悔不迭。

她忽然想起一则寓言故事。

一位农夫追赶上伊索大师，说要给他讲个故事，伊索问他："你这个故事经过三道筛子了吗？"那人愣了，问："什么是三道筛子？"伊索说："一是这故事真实吗？二是这故事是善意的吗？三是这故事重要吗？"那人想了想回答："只是听来的，好像是在说某人的坏话吧，要说起来这事不讲也行，没什么重要的，只是消遣。""既然没有经过这三道筛子，就不用讲了吧。"

爱情也需要这三道筛子，任何听来的消息都靠不住，能够靠得住的只有知心爱人的肩膀；任何传闻都会存在某种假想的恶意，听到的人会立即联想到自己最亲近的人，从而产生猜忌和怀疑；任何无中生有的东西都是无足轻重的，最重要的是两颗心如何交融在一起，创造幸福的明天。

# 疼过，
# 才刻骨铭心

男人回家时，女人正坐在一堆旧日情书中，欣慰地翻看着。

女人喜欢回味过去，她说自己是个怀旧的人，那些情书，分别记录着她和他的相识、相恋、相知和当时设想的未来。

男人问女人："你怎么了，又在想心事啦？"

女人笑笑说："没啥事，闲着也是闲着，我正在闻这些情书的味道呢，你闻闻看，好清香呀。"

"是吗？"男人不信，凑过来调皮地皱着眉头。

女人将那些情书温柔地举过头顶，男人似乎一下子回到了那个青葱年代。

男人是用一封封情书，逐渐瓦解了女人的心理防线，最终使得她心甘情愿地跟他在一起。由于情书是他们爱的见证，女人便下了通牒给男人：在城里打工，每周必须邮一封信过来，让我知道你的平安。

男人在城里打工，城里离他居住的小镇百余公里。男人不经常回家，她说没关系，不用浪费那么多路费，省点钱留着为他们的将来做个打算吧。

起初，男人的翩翩飞鸿里依然洋溢着青春般的爱或者激情。慢慢地，他感到枯燥无味，老夫老妻了，写哪门子信呀，让别人知道了多难为情。

因此，一段时间里，他没怎么写信，而是喜欢上了网聊。在网络上，他认识了许多虽不相识却比妻子年轻美丽的女人。他心里面嘀咕着：都说女人似水，不假，但是年轻女人才有这样的资本。

她不依不饶地过来找他，质问他为什么信写得少了。他担心被她发现他网聊的事情，从此再也不敢耽搁了，每周都写，写不出来就在网上找。她每次都看得泪水涟涟的，泪水滴在信纸上，变成一种海誓山盟的美梦。

男人又一次回家是在半年后，他回来时，怀里揣着一纸离婚协议书。他不想跟她过了，因为他喜欢上一个愿意与他一辈子聊天的女人。这个女人离他打工的地方不远，为此，他甚至荒废了半个多月的工期跟她约会。

女人仍然坐在一堆信纸里，她异常地冷静，仔细地闻着信纸上的芳香。

他问她："怎么了，你又在感怀那些陈年旧事？"

"是的，每一封情书都像一个人的性格，我能够闻得出来它们哪封属于刚毅，哪封充满自信，哪封开始沉沦。"

"是吗，能否讲得清楚一点。"

"你原来写给我的情书，都是一股清新的茉莉花的芳香，这代表初恋；结婚以后，你邮我的情书里，我明显感觉到一种与世界抗争的无奈和持家的刚毅，它属于腊月寒梅；你离家打工以后，你写的情书应该叫作并蒂莲，一种牵挂、思念和相互扶持的坚定包在花朵里，让我每时每刻都对你充满挂念；可最近，我在你写的情书里读到了一种苦涩，它应该叫作苦艾花吧，并且在信纸上我还看到了眼泪化成的盐渍，我希望这是你写信时的汗水或者泪水，但我失望了，那上面是一个女人的眼泪，而这个女人，不是我。"

男人怔怔的，不知道如何回答女人的问题。

男人不知道，最近他写的所有情书都经过了另外一个女人的查阅审核，她不经意间淌下的手汗或者泪水，都被女人毫无保留地洞察在爱与不爱的视野里。

男人不知道，女人对同性的感触是最为敏感的，哪怕她只在他的身上或者信物里留下一丝一毫的证据。

男人将那张离婚协议书撕掉了，扔在废纸篓里。从这之后，他断绝了网聊，更断绝了与另一个女人的来往。

面对铁证如山，很多女人都会据理力争，或者破罐子破摔。但总有一些聪慧的女人，她们选择了理智，并且用一个事由教训对方，让对方知道悔改。错误已经犯了，离婚并不是高明之举，让对方知道疼，下定决心永不再犯，或许才是恰当之举。

# 所有的爱
# 都藏在身上

男人站在她的面前，有些无地自容。

她经过一番询问，终于知道了男人的苦楚。原来，男人总是控制不住自己的情绪，言谈举止间不经意就伤害到妻子，事后却不知如何收拾残局。男人说自己十分爱妻子，可就是不知如何疼爱妻子。他讲到痛处，潜然泪下，呈现出一种伤害妻子后覆水难收的决绝，一种搬过石头砸自己脚的痛楚。

她是一位心理医生，他祈求她帮助他打开心结。他表示，只要妻子能够回到他身边，自己定会加倍珍惜以后的生活，努力经营好自己下半生的感情。

她说："没有办法，只有看你自己的，因为所有的爱都藏在你的身上，只是你没有发挥出来罢了。"

他站起身来，左瞅瞅，右看看，好半天工夫仍然蒙在鼓里，然后作势下跪，她赶紧将他扶了起来。

"你身上的每个部位，都藏着无边无际的爱。比如你的嘴，可以说出天底下最动听的语言，这些语言可以是山盟海誓，也可以是海枯石烂，你们爱的誓言藏在你的嘴里，不是吗？

"再说你的双手，可以创造财富，可以让妻子过上丰衣足食的生活，可以做她喜爱的饭菜，让她一辈子在你双手组成的怀抱中幸福地生活。"

她如数家珍地准备继续向他申明，他却打断了她的话，模仿起来："我明白了，比如说我的脚与腿，可以与妻子一起共走天涯路，让地平线成为我们爱情的起点与终点；比如说我的眼睛，可以注视着妻子，让妻子知道这世上始终有一双眼睛，不离不弃、没有条件地盯着她、看着她、守着她，她无论如何也逃不出我为她精心设置的关怀。"

"太好了！"他雀跃起来，像个孩子似的离开了心理诊所。

半个月后，她看到他领着一个十分俏丽的女人来了。他将一大摞资料放在她的桌上，高兴地让她替他们的婚姻做个证明。她十分疑惑地打开资料，他解释着："这里面是我的铮铮誓言。我会用自己的脚和她的脚共同丈量这个世界的长度；我会用歌喉为她唱出天下最动听的歌曲，让她在我的歌声中入睡；我会用眼睛替她扫清前行路上的所有阴霾，让她的世界里始终阳光明媚；我用手写了一百份计划，有我们的出行计划，我们的生育计划，我们的赡养老人计划，包括需要的支出。所有的这些，请您替我们收藏并且对我进行监督，我只是想告诉她，我会用整个身体去爱她，因为我身体里藏满了爱，取之不尽，用之不竭。"

这也许是她听到的天底下最动人的情话了。捧着这些男人半个月赶制出来的计划，她不能自已，她无法拒绝他的要求，虽然这不在她的工作范围内。

　　许多人去别人那里寻找爱，希望找到医治家庭顽疾的良方。其实，所有的爱都藏在彼此的身上，只是你不知道如何挖掘罢了。许多时候，不是不懂得爱，只是不知道如何爱。爱有千万种方式，没有套路可言，也许一句话、一张纸、一个玩笑，就可以让你们的爱情城堡磨合得牢不可破，无坚不摧。

# 我愿意
# 低下姿态仰望你

从恋爱时，她就深爱着他：出门时，将他的衣服叠放得整整齐齐；回家后，为他做好可口的饭菜。

结婚后，他认为，夫妻间也应该主次分明，这才是正常的爱的逻辑。她每每以伴侣的身份陪他参加各种宴会，言语中尽是对他的夸奖与爱，将他视为主角。他觉得她做得很好，心安理得地享受着她对他的仰望。

她在一家民营单位上班，虽然待遇也不错，但家里大部分开支都来自男人的工资。

他的事业风生水起后，爱情观发生了变化，终日里与单位的一个女秘书一唱一和、你来我往。日子久了，难免会生出瓜田李下的纠葛来。

由此，一发不可收拾，女秘书死缠烂打，还生出一些想法来，让他将工资一分为二。尽管这样，女秘书依然嫌钱少。

而她在收到他的钱时，总是说："不用了，你留着吧，零花钱还有。"

如此一来，他反而认为她是个容易被哄骗的女人。于是，便肆无忌惮地与女秘书交往过密起来。他甚至生出了一些风花雪月的念头，打算与女秘书到海外旅游，过逍遥快活的生活。

女秘书也正有此意，教唆他赶紧筹集一笔可观的资金，随后就远走高飞。他狠了狠心，决定再回一趟家，然后就依计行事。虽然这对那个她很残酷，但人生在世，总要活得随心所欲些。

回家时，她不在家，留了个字条说要加班。这是他在这个家的最后一顿饭了，他五味杂陈，胡乱吃了包方便面，然后给她写了一大张留言条。想起她的好来，他心里酸楚得厉害，但女秘书的电话一拨拨打来，促使他不得不孤注一掷。

电视里正播放本市风云人物的采访，他竟然看到了妻子：洗去纤尘，落落大方，举止优雅，简直判若两人。他才知道她已经是一家公司的副总，管理着上百人，她业绩突出，已经成为本市的创新英雄。

他有点后悔了，开始翻找家里的东西，想为自己找一个不离开的理由。无意间，他看到了她的工资卡：竟然比他的工资高出许多。原来，她每月都会另外找一张工资不高的卡迎合他，只为了留住他身为男人的尊严。

那夜，一个喝醉的男人，在城市的雨夜里号啕大哭。当女秘书打来的电话响个不停时，他愤怒地将手机砸在柏油路上。

他默默地退还了费尽心思从公司挪来的资金，与女秘书郑重地谈话，决绝地分手。

他彻底脱胎换骨，每天早早地回家，与妻子分享家务活带来的快乐。现在，他才知晓，这才是世间最安稳的爱。

# 人可以不散，
# 爱可以重来

男人是一家裁缝店的老板，他心灵手巧，喜欢设计女人的衣服，每一件都裁剪得体，雍容华贵。

有个女人经常光顾男人的小店。第一次看到女人时，男人眼前一亮，隐隐感觉到自己盼望已久的伴侣已然到来。

男人为了讨好女人，特意穿了一件花裙子，给她跳了一支奇怪的穿越舞。

女人一下就被打动了，男人穿花裙子的样子，定格在她的脑海里，永远也无法抹去。

从恋爱到结婚，两人水到渠成。

可是，穿花裙子的男人婚后便开始不安分，将目光瞄向自己店中的女顾客。那些打扮得花枝招展的女顾客，成了他想入非非的对象。

男人原本就帅气，稍加打扮，便魅力四射。他一个眼神，便令试穿衣服的女顾客心潮澎湃，恨不得投怀送抱。

女人将这一切看在眼里，少不了对男人严加呵斥。可是，男人将女人的呵斥当作耳旁风。

索性离婚吧。女人看不下去了，她做不到忍气吞声地过日子，更无法接受一个不知悔改的男人。

眼看没有任何挽回的余地了，两人分了财产，从此相忘于江湖。

某个午夜时分，男人在梦中惊醒：脚底冰凉，榻侧无人。他这才悔悟，自己以前太花心了，做了很多对不起妻子的事。他决定，找到妻子，跟她复合。

偏偏这个时候，女人出了车祸，醒来后失去了所有的记忆。

女人的亲戚朋友没有想到的是，男人出现了。他甚至不惜丢掉生意，关了店门，只为一心一意照顾她。经过一段时间的治疗，她的病情依然不容乐观，她还是认不出男人，任凭男人使出浑身解数也无济于事，反倒惹得她更加排斥他。

经过细致观察，男人发现，女人的记忆停留在了青葱年少，那时候，天蓝、地广，天荒地老仍然是一个美好的、不会改变的誓言。

一个穿花裙子的男人，出现了女人的视线里，瞬间，她展露惊喜，表情如荡漾的春水。

那天起，医生、护士、朋友们，每天都会发现一个穿花裙子的男人，守候在女人的床前。他执意穿着裙子照料她，尽管他知道这不伦不类，但他更知道，唯有这样，她才有恢复记忆的机会。

三年时光，匆匆而过，不留下纤尘。

　　当治疗费用累计到六位数时，女人于某个清晨骤然惊醒。当时，她看到了一个穿花裙子的男人趴在床前，白发，黄脸，毫无光彩。她顿时明白了一切，紧紧抱住男人，泪水涟涟。

　　世间所有的女子，其实并没有奢求，她们需要的仅仅是一个愿意为她付出的男人。允许你坏，但不要流油；允许你目光炯炯，但绝不是暗度陈仓；不是不给你自由，你的自由总要有个圈子，我是太阳，你是地球，别瞎跑，你不是人造卫星。你愿意做一个穿花裙子的男人吗？

# PART 3

没有不带伤的人，
只有不断痊愈的心

# 幸福住在
# 时间的肩头

　　年轻时的他，放荡不羁，总想去闯闯大千世界，去寻找自己梦中的幸福。后来，他在外打工，结识了年轻而又单纯的她。他们的爱情几乎是在一夜之间成熟的，就像冬天的雪，只需一个夜晚，便可覆盖大地。

　　婚后，他们也曾度过了一段幸福的蜜月期。那时，他们在充满爱的小窝中缠绵缱绻，就连出门时也如影随形，生怕一不留神就会失散在街道上。

　　可是，他的心是浮躁的。蜜月期没过去多久，他便开始讨厌她，他的目光又望向了远方，总觉得外面的世界会更加精彩。

　　堂而皇之地，他离开了她，对她说想到外面转转。她答应了，因为她知道，即使留住了他的人，他的心也会在远方浮游。

　　此后，他独来独往，四外游荡，很快就进入了不惑之年。但对于人生，他始终是费解的，活了大半辈子，他向往的幸福仍然如镜花水月。

　　一个飘着雪的冬天，他意识到该回家看一看了，于是，便踏上了归途。

　　邻近故乡时，他路过一座山林，想采摘一些野味再回家。

那天的收获不错，他的心情也很好，由于想多采摘些野味，他误了回家的时间。大雪在黑暗到来前封了山，他拖着沉重的收获，一步步向山外移动。

费了九牛二虎之力，他终于破雪而出，外面雾蒙蒙一片，分不清天与地。幸亏离家不远，他横下心，向家里进军。

远远的，一个熟悉的身影掠入他的视线，仔细辨认，正是他的糟糠之妻。原来，妻子每天都会在村口等他，这早已成为她的习惯。这样的习惯，持续了十多年。

她的手里拿着一只水杯，正站在村口张望。当从妻子手里接过水杯的一刹那，他忽然感觉幸福从天降临，它来得如此迅速，让他措手不及。

水杯里正有水雾袅袅升起，那热气暖透了他的心。

路上，他问她："你怎么站在路口等我？"

她回答："我知道你迟早会回家的，所以每天都在这里等你。"

只这两句话，他们再无言语。

快到家了，她忽然问他："你知道幸福住在什么地方吗？"

他很诧异地摇摇头，她说："幸福就住在时间的肩头。"

他知道，是时间，丈量了他们的爱情长度，是时间考验了他们的爱情保质期。只是这一切，他现在才如梦方醒。

幸福与时间是一对兄弟，这世上，如果没有时间，不可能有长久的幸福。幸福是时间考验出来的，而如果少了幸福，时间或许成了一个苍凉的概念。幸福与时间待在一起，世上才有了真爱，才有了真真切切的情感。

# 触手可及的
# 才是至爱

她深爱着面前这位高大魁梧的男子，爱得不折不扣，恨不得把自己变成一个钥匙链，挂在他的腰上。

她嫁给他的理由很简单，因为他会做一手美味的饭菜。柴米油盐的生活才是最真实的，这成为她幸福的源泉。她就是喜欢他做的饭菜，也许这就叫作爱屋及乌吧。

他有着做面条的一手绝活，尤其是会做别的男人不会做的相思面。他说，可别小看这种面，它可大有来历：古时候，一位男子思念漂洋远去的妻子，于是做了一碗面放在海边，跪在沙滩上等待妻子回家。上苍吃了那碗面，感动得热泪盈眶，便满足了男子的要求，男子的妻子才得以找到了回家的路。

于是，她总在别的女人面前讲这个故事以及他的男人。女人们啧啧赞叹着，像是在倾听一个古老的神话，每当这时候，女人的脸上都是满满的幸福。

女人生病时，就爱吃男人做的面。面条轻轻淡淡，加一个酸酸甜甜的西红柿，再滴上几滴香油，吃到嘴里，整个生命都是香的。

男人告诉她，面条有很多种做法，他能够一口气做出九种面条来，什么担担面、刀削面、拉面、烩面等。只要她喜欢，他会马上为她做出各种可口的面来，哪怕是在隆冬时的深夜。

她问他："面条怎么只有九种做法呢，没有第十种吗？"

他搔搔头说："暂时还没想起来，等想起来，我第一个做给你吃。"

可是，男人的心渐渐偏离了女人的坐标，这也许是每个男人在不经意间都会犯下的错误吧。随着生活的深入和日子的延长，男人越发讨厌面前这个黄脸婆，开始无休止地到外面寻欢作乐。

终于，火山还是爆发了。他肆无忌惮、一意孤行，不听别人的劝阻，无视女人脸上淌下的泪水，远遁他乡。

在离开女人的日子里，他觉得自己重获自由，终于可以堂堂正正地做一回男人了。娇滴滴的女孩一声"情哥哥"叫得他魂飞天外，他认真地体会着这种新鲜的滋味。

也许是上天的惩罚吧，逍遥快活的日子没过多久，他就得了一种怪病，连下床的力气都没有。他的新欢看到这种情况，忙不迭地避而远之。

在遥远的异乡，周围没有一个亲人，他忽然间觉得好无助。昏昏沉沉间，男人想到了自己的女人，便带着一丝希望给家里打了电话。

没想到，女人得到消息后，立即似风似火地赶到了他的面前。而他，已然昏睡过去。

　　醒来时，一股温暖的液体正从他的嘴角灌进他虚弱的身体。

　　女人坐在他的床头，一旁的桌子上放着一碗鸡蛋面，香味四溢。他狼吞虎咽地吃完了那碗面条，觉得身体康健如初，精神气十足。

　　忽然间，他明白了面条的第十种做法，飞快地跑到厨房。

　　主料爱情，辅料真心，加上一份执着、二斤真诚、三滴忏悔、四两理解，便做成了一碗令人断肠的爱情面。

　　当他把这碗面条端到女人身边时，猛然醒悟：自己差点丢掉了一生的幸福。

# 最知心的臂膀才有
# 最温暖的拥抱

她比他小七岁，认识时，却相见恨晚。尽管父母投了反对票，亲朋好友也大都不支持，但她毅然决然地嫁了他。她嫁他的理由十分荒唐："他胳膊长，我喜欢他抱着我睡的感觉。"

在众人大跌眼镜之时，他们已经坠入爱河而不能自拔。作为局外人，再多的劝慰终归是过眼云烟，真正的幸福源自他们心中。

婚后的生活并非平平静静，吵架不可避免，日子是圆的，不是方的，圆是因为被岁月磕掉了棱角。

她也曾摔坏了家中值钱的东西，或者将他珍藏的艺术品撕个粉碎。她让他保证，一生只疼她一人。可他是艺术大家，每天想让他签名的美女如天上星、地上花。她看不惯这样的场面，总是横加干涉，甚至有一次，她让他在众多粉丝面前丢了面子。

他无法再忍受她的无理取闹，失手打了她，而在打她的同时，他后悔莫及，她则心生怨恨。

　　她离家出走了，心里盘算着如何报复他。她自认为完全有能力给他造成致命的打击，因为她掌握着他能够声名鹊起的秘密。

　　夜里，在旅馆那冰冷的床上，只有她一个人，睡觉时她感觉四肢僵硬。她与他的拥抱已经形成了惯势，没有了那个温暖宽大的怀抱，她如何度过漫漫长夜？

　　第二天，她找到了一直不务正业的初恋，双方一拍即合，准备将这个老男人送上不归路。

　　不久后，一条重磅消息传遍整个艺术界。原来，这个艺术家当初是靠走关系获的奖。真相大白后，一切都变了，从门庭若市到门可罗雀，从万贯家财到一贫如洗，有时候人生的落差就是如此巨大。

　　她卷走了他所有的钱，他一夜之间老态龙钟。最爱的妻子，竟然席卷而逃。爱没了，钱没了，名声也没了。

　　她开始与初恋过锦衣玉食的生活，她渴望初恋搂着她进入梦乡，可初恋的臂膀太窄了，她硌得慌，有时候甚至想抽初恋几记耳光。

　　他的境况则不容乐观，身心俱疲，只得住进医院，在病床上熬过余下时光。他没有起诉她，在他看来，爱没了，心不在了，钱再多也无济于事。

　　令她始料未及的是，初恋居然始乱终弃，用万贯家财搏了另一个倾国倾城，她成了真正的孤家寡人。

　　她想到了他，觉得对不起他。她开始拼命地将钱收归己有，想帮助他渡过难关。

初恋早有准备，断了她所有的财源，将她于某个午夜扔在冰天雪地里。

她去了医院，看到了躺在病床上读报的他。他给她的拥抱依然是那样有力。

有了她的悉心照顾，他的病情好转起来。他开始重整旗鼓，毕竟功力深厚，而且在艺术界有着举足轻重的地位，没多久他就重铸辉煌。

一次舞会，他们翩翩起舞，一个女记者兴趣盎然地为大家讲了一个定律：

男人的胳膊长度，与所爱女子的腰围长度有适当的比例，而拥有最佳比例者，一定是全天下最幸福的伉俪。

当晚，在众星捧月之下，他们竟然当选为最佳伉俪。

每个夜晚，有了他的拥抱，她才得以安稳入睡，每日里也总能神采奕奕。

原来，只有世上最知心的臂膀，才可以制造出世上最温暖的拥抱。

# 在最美丽的年华
# 才敢去爱你

十年前的爱情，绵软无力，他们在懵懂的年纪糊里糊涂地相爱了。婚后，她才知道，他根本不是自己的理想伴侣。于是，她选择了肆无忌惮地买醉，史无前例地狂欢，不着边际地漫想。她折磨着自己，怨苍天不公，怨怀"爱"不遇。

他是个邋里邋遢的人，不修边幅，没有半点男子汉气概，事业也没有起色。离婚是他提出来的，既然婚姻生活并不美满，索性放开手，不再让自己成为她的负累。

他临走时，她一直哭泣。他吻了她，然后消失在她的视野里。

他一去不回头，给了她十年的自由。在这期间，她潇洒自如地应对着各种男人的谄媚，以凌厉的攻势在爱情的战斗中绽放着独一无二的芳华。

她终于成为一个有钱人的老婆，收获爱情与金钱的同时，她以高高在上的姿态迎接着那些贫贱夫妻对她的艳羡。

可是，让她始料不及的是，没有多长光景，有钱的老公便开始喜新厌旧，另觅新欢。更可恶的是，老公还把新欢带回了家里，逼迫她主动退出。

她与老公理论，说他始乱终弃，他反倒回过头骂她："只有笨蛋才会跟你过一辈子，你以为你是谁？照照镜子吧，你老成什么样子啦。"

"我老了吗？"她去照镜子，发现额头的粉底后面布满细密的皱纹。

上天给她的十年黄金期，早就被她消耗掉了。夜晚时分，她突然想起了一句话：每个人都有最美丽的十年。而自己的十年时光，已经悄悄流逝了。

她除了哭泣外，便是饮酒，酒后胡言乱语、痛哭流涕，直至胸口压抑得要命，才拼了命地打了急救电话。

一位戴着口罩的医生，似乎是个风度翩翩的男人，将她抱上了急救车，抱上了病床。没有亲人照顾，那个医生成了她唯一的牵挂与依赖，她只知道有人叫他小K。

小K是医界的名人，医术高超，毕业于名牌大学，女护士像阳光下的花朵一样对他展开魅力攻势，但他的心却不为之所动。许多人都说，他有过一段刻骨铭心的爱情，他忘不了当初爱过的那个人。

一来二去，她跟他交上了锋，开上了火。但是她信心不足，因为她知道自己容颜已老、佳华不在，不施粉黛的样子一定丑到了极致。

一个偶然的时机，她像只啄木鸟似的拽掉了他的口罩。当眼神碰撞在一块儿时，她傻了，呆了，头晕得厉害。怎么会是他，前夫，自己扔掉的那个男人。

十年时间，他成熟得像个惹人喜爱的柿子，十分礼貌地说着客套话。

对她的吃惊，他则报以平静与淡定，他说她的病已无大碍，可以出院了。

从那天开始，令所有人大跌眼镜的是，他竟然开始追求她，送她玫瑰、送她煲汤。她感动得无以复加，可是内心里却过意不去，毕竟自己的黄金时期已经过去了，哪还能配得上优秀的他。

他再来时，她说："你以后不用再来了，我已经老得不成人样了，过去的事情已经过去了。"

他说："可是现在是我最美的年华，以前我不够优秀，觉得配不上你，而现在，我终于有了陪伴你一辈子的信心和勇气，请你成全我。"

这样的情话，这样的人，女人如何还能再拒绝呢。

在最美丽的时候才去爱你，这是天底下最动听的情话，最浪漫的誓言。

## 遇见你，
## 只为演绎一场错过

"这么多年，我最爱的依然是你。"前夫的一句话勾起了她的无尽回忆，仿佛一瞬间回到青葱岁月。那时候，花开灿烂，一切从零开始，人间烟火，燃烧着世事浪漫。

可惜，好景不常在，两个人性格不合，无休止地争吵，让爱情一下子进入了白热化状态，就好像一场足球赛，没有输赢，差就差在一脚致命的乌龙球。

他们分手后，前夫迫不及待地重新踏上了爱的回归线，与一个小自己几岁的女人在一起了。她酸酸地想，除了祝福外，她找不到合适的字眼形容自己的感受，毕竟他们爱过一场，毕竟他是孩子的父亲，就算没有爱的存在，亲情的力量也不可小觑。

她一直未再越雷池半步，不是不想爱，而是心累了，想调剂几年，将孩子拉扯大了，再重新找回属于自己的幸福时光。

一切都发生得那么突然，孩子病急入院，而她那几天感冒，仿佛天一下子就塌了。茫然无措时，她想起了孩子的父亲，忙不迭地在电话中告诉他实情。他毕竟是孩子的父亲，听到消息后马上赶过来，背着孩子到了医院的重症室。在重症室外，两个已然分道扬镳的人抱头痛哭起来。

孩子总算转危为安。其间，现任妻子三番五次地给他打来电话话。

她不想因为这件事影响他和现任妻子的关系，劝慰道："孩子没事了，你回去吧。"

可他絮絮叨叨地向她谈起爱情的不幸，重新选择后才知晓，爱情并不是简单的、随便的。现在的妻子，没完没了地无理取闹，经常为一些小事情纠缠不清。他回家晚了，她会查阅他的通话记录。他一旦有风吹草动，她便不依不饶，好像他是她的私有财产，容不得别人插足。

他离开前，留给她无尽的思量："好马也吃回头草，真怀念当初的浪漫爱情。"

他所说的，她都懂，她不是个傻子，知道爱的力量有多么伟大，多么缠绵，她也曾那样想过。如今他的话起了至关重要的作用，如果复合，对于三个人而言都是大有裨益的事情。

他开始发动了攻势，将自己的现任妻子丢在家中不管不问，三天两头过来温习亲情，孩子毕竟是他的，一脉相承的血缘像一种无形的力量，左右着彼此的神经。

他的现任妻子，不断打来电话，在得知他的前尘往事，以及现在的行径后，她表示绝不会姑息了事。有一次，他的现任妻子联系不上他，居然将电话打到了他前妻的手机上："姐，我们是真心相爱的，我看得紧些，您应该理解的，哪个女人不自私？"

他现任妻子的话反而点醒了她，自己为什么不自私一回呢？

算是求饶吧，她暗示他愿意复合。

那个晚上，他哄孩子入睡后，像只猫一样接近了她。可是，第二天早晨，他却摆出一副对她爱理不理的态度，她突然有一种被戏耍的感觉。

他接近她，不过是为了缓解现任妻子给他施加的压力。若是爱一个人怠了，倦了，便会心猿意马，他信誓旦旦地向她表白："这样子，挺好的。"

现任妻子打了离婚报告，他哭着祈求："我不是故意的，原谅我吧，我只是玩玩。"她抬起手来，一记耳光落在他的脸上，刹那间，扫尽了世间阴霾，从此以后，再多的纠缠均与她无关。

前妻也断然换了手机号，再遇见时，也只是象征性地跟他打个招呼。他们曾经相爱过，而现在，他们却是陌路人。

现在，前妻懂了，婚姻不需要回头草，一个女人，就要保持特立独行的气质与性格，不为普通的情感所动。爱要爱得死去活来，不爱也要保持冰一样的秉性。

# 我怕离开后
# 再无人护你安好

那次扬州之行，改变了她的爱情观，让她重新审视了自己不堪一击的婚姻。

眼前的丈夫，身体瘦弱，性格懦弱，一点儿都不像家里的擎天柱，更不像她命中的保护神。从小起，她便发誓要嫁一个身体健壮、头脑聪慧的男人，可以为她遮挡世间的风风雨雨。

扬州瘦西湖，水碎风凉人慌。她想趁出差之机，调剂一下糟糕的心情。爱情上她与丈夫若即若离，事业上也算不上风生水起。每每遇到不开心的事，她都不敢在对方面前说话，生怕一说话就伤人。

桥边人山人海，她差点被观光的人群挤入水中，幸好一个刚柔相济的男人，一把拖住了她，死死地揪着她的衣服。刹那间，他一个眼神，便倾了她的心。

故事才刚刚开始，后话无穷。男人请她吃饭，算是压惊，席前注意到她破碎的衣服，便自掏腰包买衣服送她，一掷千金的样子。她是头一次收到陌生男人送的衣服，看着他体贴入微的举止，她沉寂多年的少女情怀瞬间萌动。

后来才知道，他与她邻城，不远不近，一趟车30分钟的距离。若是坐高铁，恐怕茶未凉，他便会顺风顺水地站在她的面前。

没想到一次远行，竟然爱上了一个男人，她惊异于缘分的奇妙。

渐渐地，两人交往过密，开始成为都市夜归人。有时候，她打电话打给丈夫，对方却说："晚上加班，不回去了。"这便给了她更多的机会，与那个男人私会。

纸终究包不住火，丈夫察觉到她有了外遇，起初不依不饶，还在单位门口堵住她，讨要说法。可见到她瞪圆的眼睛，丈夫便退缩了。这样一个没骨气的男人，如何能够成为她眼中的最爱？

离婚的事情摆在眼前，当断必断。那个男人给了她一个承诺与名分，只要她嫁给他，他偌大的家财便是她的。

此时，她已经控制不住眼中的欣喜，哪个女人不喜欢坐拥千万资财，大家都是肉食动物，食尽人间烟火。

可是，丈夫百般纠缠，软磨硬泡更是他的特长。她一提离婚，他就躲得远远的，至于说去民政局办理离婚手续，更是难上加难。

最后，她打算和那个男人私奔。从此再多的世间纠缠，都与他们无关。男人竟然闪电般同意了这个计划。他们决定去三亚，那里风暖、夜凉，夜夜笙歌。

几日后，在三亚某处不起眼的民宅里，她与一帮姐妹们在一起，男人不知道去了何方。她这才知道自己被他卖了，寥寥几面，哪会轻易生出爱情？

更令她惊讶的是，丈夫竟然跟了过来，两千多公里的距离，他依然牵挂着她的安危。

那个傍晚，她终生难忘。丈夫一个人攀到了四楼，打开了窗户，将她和那帮姐妹放了出去。由于有人追赶，他从楼上跌了下来，导致大腿骨折。

警察很快赶来，那个男人，像个影子一样从她眼前掠过，钻进了警车里。她没有回头，她已经恨死了这个人面兽心的男人。

警察说，警方一直苦于没有线索，幸亏她的丈夫及时发现，她的丈夫是本案的大功臣。

原来她的丈夫早就怀疑那个男人是个坏家伙，可他为什么不直接讲出来呢？

丈夫解释说："直接讲出来，你会信吗？你被蒙在鼓里，看到的全是那个男人的好，全是我的坏。我这叫破釜沉舟，为了证明自己，不成功，便成仁。"

丈夫的话十分干脆，他用行动证明了自己依然是世间最好的男人。

她紧紧拥住了他，泣不成声。

有时候，爱的确需要一种破釜沉舟的勇气与智慧。面对爱或不爱，毅然决然是必要的，但痛定思痛也是化解尴尬的一剂灵丹妙药。

# 原来我只是
# 忘了成全自己

　　女人离婚了，郁郁寡欢，连想死的心都有了。想起婚前的缠缠绵绵、卿卿我我，转眼间便如过眼烟云，女人觉得自己太傻了，对他太好，对自己太差，不缺钱，缺的是诗意浪漫。

　　女人打算送自己一束玫瑰。

　　恋爱时，男人经常送她玫瑰，让她感动得泪眼朦胧，但男人后来转移了目标，将玫瑰送给了另外一个女人，据说那个女人比她年轻、妩媚、风采迷人。

　　第二天一早，一个帅气阳光的小伙子将玫瑰送到了她的办公室。当时，会议正开，灯光正亮，女人的脸上闪现了少有的虚荣与浪漫。

　　同事的议论成了一种催生喜悦的药，原来，人都有一点点的自私心理，面子与尊严都是被人们所看重的，而一朵玫瑰，竟然圆了女人的梦。

　　女人一整天都感受到了浪漫的氛围，心情舒畅了，工作也做得风生水起。恰巧老板来访，一屋子的员工，七嘴八舌，将女人所带领的团队说得喜气洋洋，博得了老板的夸赞。

女人这才明白，拥有一个好心情是多么重要。因此，她决定将虚荣进行下去，每天一束玫瑰，不间断，不停歇，像病人需要的良药。

办公室里花香四溢，下属才知道女人爱花，于是，找来了花盆，将整个办公室变成了花的海洋。

一个客户来访，谈判陷入了僵局，其间到办公室找她，一下子春风满怀。面对一个喜爱玫瑰的领导，再多的尴尬也只能烟消云散。

领导一定恋爱了，祝贺她吧。同事们将整件事情吵得甚嚣尘上，只有她依然故我，淡定成了她的唯一特征。客照样请，酒照样喝，玫瑰照样送，几个好事的家伙私下里进行了秘密侦查，但就是无法查清缘由，急得他们如热锅上的蚂蚁。

每天买束玫瑰送自己，有什么不可以？谁规定了女人不能送自己玫瑰？有爱情的生活固然很美好，可是爱情不是生活的全部，在缺失爱情的日子里，送给自己一束玫瑰花，有什么不可以？

玫瑰开了谢，谢了扔，新的补充进来，日子如烟云般流过。女人忘了过去的恨，爱上今日的好，脸上再无变幻不定，换成了喜上眉梢。

大家不再猜测这样深不可测的事情了，直到有一天，送玫瑰的小伙子，拜倒在她的办公桌前，一大捧的玫瑰，感天动地的那种，摆在了她面前。

她惊呆了，那个替自己送了两年花的小伙子，竟然爱上了她的浪漫与执着。姐弟恋也好，深谋远滤也罢，反正，他是爱上了她，不可收拾的爱。

才知道，爱情重新回来时的美好：好的心情便是巢，自然引来凤凰；这么多玫瑰，自然可以令人侧目；那么多的倾国倾城，自然可以赢得青睐。这是福，更是活法，也是一种望尘莫及的爱。

# 在你看不到的时候
# 最爱你

她怀里揣着草拟好的离婚协议书，没有事先通知他，便去了那个叫作大杨山的山沟里找他。自从他出门创业，他们的感情便一天天开始疏远。她每天都在思念他，希望他能够回来，一年、半年、一个月，哪怕一周也行。她多想在困难失意时，能够伏在他的肩头痛哭一晚，但就连这个福分也被他剥夺了。于是，她对他的爱，变成了恨。

她开始恨他时，他正好打电话过来，两人在电话里吵了架。吵架这种事情，最初谁也不好意思戳破的，一旦莫名其妙地开始了，便一次次地变本加厉起来，直到吵得声嘶力竭，再无力气去面对这一切。

最后，他说："散了吧，你来我这里也好，我回家也好，离婚协议一签，我们各奔东西。"

她其实是能够耐得住清苦的，可能是因为闲话听多了，她便觉得他不可靠了。离自己那么远，总会生出些事来，她曾经想过是不是他不想要她了，或者是他找了更适合他的女人。所有这些因素综合在一起，她的心中吹响了"集结号"，才下定决心到那个山沟里，等他签了协议后，她便立马走人，越快越好。

她走了一段曲折的路，等到达时，他出去了。有个员工接待了她，安排她到他的宿舍里等候。简易的宿舍，清苦得很，不比家中的条件好多少。她闲着没事，便开始翻他的东西，床底下，有两大箱子的东西。

随来的员工告诉她：这是他的物品，平时谁也不让动，好像是练的毛笔字。他没事时，总爱练字，笔锋犀利得很。

她让那个员工帮忙将两箱东西拖出来，打开一看，果然是满满的两箱宣纸，上面全是他练的字。她随意抽出一张纸，上面写着《念奴娇·赤壁怀古》：

大江东去，浪淘尽，千古风流人物。故垒西边，人道是：三国周郎赤壁。乱石穿空，惊涛拍岸，卷起千堆雪。

第二张，还是一样的词，她连着看了许多张，全部如此。那个员工的眼神里尽是诧异，自言自语地说："奇怪得很，怎么全是这首词呀。"

她看着看着，突然间泪流满面，惹得旁边的员工不知如何是好，以为服务不周怠慢了她。

她哭了会儿又笑了，然后从袋子里拿出那份离婚协议书，撕了个粉碎，扔进了垃圾桶。

她知道他依然深深地爱着她，因为那两箱子的词表达的尽是他对她的爱恋与思念。

那个员工不知，她的名字叫"江国雪"，那首词也可以换个好听的名字《念奴娇·爱情》。

念你，便天天挂着你，别出心裁，独树一帜。外人看不懂，以为你我拥有的不过是普普通通的爱情。念奴娇，古代时用过，现代也会有人将它作为爱的词牌名，继续用下去。

## 过往可以不忘记，
## 但要放下

炎热的夏天总是特别漫长，而她的心情如她的病情一样糟糕，两者融在一起，她觉得周围的环境实在是差到了极点。

不知从何时起，她的身体每况愈下，先是浑身无力，不想动弹，不想进食，接下来，便是整日整夜的失眠。躺在床上，她多想闭上眼睛美美地睡上一天，但是，刚刚闭上眼，她就感觉有许多种可恶的风景一下子冲到她眼前，它们在压迫着她的感情神经，让她紧张得不能呼吸，她不知所措又不知所以然。

在这期间，她的丈夫无疑成了最大的牺牲者，他不仅辞了工作在家里照顾她，而且他还为她借了一大笔外债，而她却始终无动于衷，因为她已经差不多成了一个废人，没有感情作为基础，人哪能称之为人，简直成了一种冷血动物。

几乎所有的医生给她检查后，都无可奈何。他们无法确定她的病情缘由，因为她身体的各个器官都正常得很。最后，在无计可施时，他们不得不作出判断，她可能受了很大的刺激，不然绝不会有这样的结果。

就这样，在春花秋月中，她百无聊赖地过着毫无意义的生活。其实，她有些厌倦现在的生活，厌倦包括她丈夫在内的所有人。

她的初恋时光是美好的，那是她在学校度过的最为浪漫的一段时光。在一座小村庄的旁边，在一个天上没有星星和月亮的夜晚，她和她的初恋走在小河边，他们相互安慰着对方的心、抚慰着对方的灵魂，他们无拘无束，就像春天的天空中飞翔着的燕子一样自由。

但是，花开过后却是长时间的沉默。他们有着地域上和身份上的不同，她的出身十分低微，而他却是一个富家子弟。在他们和他的家人相互僵持几个回合后，他不得不低下高贵的头，抛弃了身份卑微的她，选择了富有的生活。在一个漆黑如墨的夜晚，他给她丢下了一条水晶项链后，狼狈逃窜，身后传来她的大笑声。

她没有在乎一条项链的价值，虽然她一直希望自己有一个像样的饰品，但没有爱情的生活里，再昂贵的物品也会变得一钱不值。她将那条项链扔到了一条小河里，汤汤的河水带走了她的初恋情怀。

为了报复他的背叛，她答应了现任丈夫的求婚。丈夫一副兴高采烈的样子，傻乎乎的，丝毫没有感到她把他当成了爱情的试制品。

可是，婚后的她却没有感受到爱情带来的浪漫和温柔。生活中，她不知疲倦地对他发着脾气，好像他就是那个可恶的骗走她感情的男人；尤其是在她生病后，她的脾气变得暴躁如雷，就连她自己都无法控制，她常常指挥他做这做那，简直把他当成了奴役。

一个下午，明媚的阳光照进病房，她试着稳定一下自己难耐的情绪，想闭上眼睛睡一会儿。这时，丈夫突然闯了进来，嘴里大声呼喊着："亲爱的，我们有救了，你看这是什么？"

她抬起头看，一条精制的水晶项链映入了眼帘。这条项链，曾经在她的生活中是多么熟悉的存在。一瞬间，她的记忆回到了从前，回到了那个小河流水的夜晚。她拿过那条项链，放在嘴边轻轻地吹着，她分明听见有海风吹过的声音。

他继续喋喋不休："不知是谁，通过邮局给你邮了这条项链，可能是你的哪位朋友，我想这也许能够调节你的心情，或许你的病会有所转机。"他兴奋得像个孩子，他哪里知道，她所有的病因其实就在这里，有谁能够代表她清纯如雪的初恋，只有那个曾经属于她的男人。

她想：也许，这条项链真的是初恋邮来的，他已经回心转意，在十年后的今天，他的灵魂已经战胜了理智，用这条项链作为一个开始，先给她一个惊喜，然后再毫无保留地来到她的面前。

她这样想着，就像一个刚刚会做梦的小女孩。那夜，她居然安心地入睡了，睡梦里，她还梦见了初恋：他穿着笔直的西服，她则穿着他为她定做的婚纱，他们挽着手走进结婚的礼堂，耳边分明听见了教堂外的钟声。

还是一阵钟声惊醒了她，太阳已经升到了窗边。看着温柔无比的阳光，她突然产生了一种强烈的冲动，她要去找初恋，无论前路多么艰难。

可是，另一种声音在耳边响起："你如何对待眼前的丈夫呢，难道他只是你的一件衣服，不穿了就该扔掉吗？"毫不客气地，她回答这种声音："没有什么理由能够阻挡我寻找幸福，至于他，我如果有钱了，可以给他一大笔情感补偿费，让他再找一个女人，我是不属于他的。"

就这样，一种想法一旦在脑海里成了型，就无论如何也难以挥去。就在下午，当他出去为她张罗晚饭时，她离开了病床。身体还未痊愈，她显然有些无法忍受，尤其是外面那么热的天，好像整个世界都处在蒸笼里。

不过，这并没有阻挡她前进的步伐，她佝偻着身子，扶着墙前去不远处的一个饰品店。在那里，有着各式各样的首饰，那里曾一度成为她年轻时的梦。她去那里的目的，是想问问老板这条项链出自何处，这样，她就找到了一条寻找爱情的方向。

那里的老板热情地接待了她，他笑着说："看来你的身体已经恢复得差不多啦，脸色也不错，我能帮助你吗？"

"是这样的，老板，我需要鉴定一下这条项链的出处，你能够帮助我吗？"她迫切地问他。

"噢，是这条吗，这是我店里的独家产品。"他看都没有看就回答她，他的回答让她惊喜万分，他接着说，"是这样的，前几天，你的丈夫过来，让我借他一条项链，就是你手里拿着的那条，他说你害了一场大病，所以想给你一个惊喜，以后有钱了，他会还我的。"

仿佛在刹那间，一个梦倒在尘埃里，取而代之的，是另一个清晰无比、充满无限关爱的身躯站在她的面前。他令她显得无比渺小，她泪流满面，在他的宽容面前，她所有的自私被拆卸得七零八落，最后，只剩下一副躯壳在风中颤抖。

那是个再平凡不过的下午，她却突然感觉到有一种温馨掠过心头，她将那条项链丢在货柜上，告诉老板："我们已经不需要它了。"她没有回答老板诧异的问话，而是一溜烟地奔跑在回家的路上。

她曾经收到过两个男人送的水晶项链，前面的那条，曾经令她心力交瘁，浑身伤痛，她知道应该扔掉它；后面的一条是她无意中遗失的，但是现在，她已经找到了它。梦境过后，现实是如此的明媚与幸福。

# 总有一个人
# 值得你卸下防备

在别人眼里，她是个十足的坏女人。

她先后嫁了两任老公，全都没有好结局。

头一个她嫌弃他是个窝囊废，每天对他都是一副爱理不理的样子。她懒得管家里的事，一有空就溜出去打麻将，直至天色将晚时，才会想起嗷嗷待哺的孩子和家里的冰碗冷灶。

男人觉得这样的日子实在过不下去了，便主动向她提出了离婚。她倒是看得开，同意了离婚，但坚持带走了孩子。

离婚后，她找到了初恋男友，闪电般结了婚。一些人暗地里数落她，说她肯定是红杏出墙后，才将原来的男人一脚蹬开的，她不置可否。

没想到，她的第二任丈夫是个短命鬼，结婚刚一年，就扔下她和刚刚生下的幼儿撒手而去。

此后，她拉扯着两个孩子，过着苦命的日子。她不擅长挣钱糊口，经常让两个孩子跟着她一起挨饿。

这样的女人，谁会为她张罗亲事呢？而她也早已对婚姻失去了信心。

可是，有一天，一个外来打工的男人找到了她，问她愿不愿意嫁给他，跟他一块儿回某座小城的家里去。

男人见她犹豫着不说话，劝慰说："我不嫌弃两个孩子，只要你不嫌弃我就行。"

思忖良久后，她还是答应了他。他兴奋得手舞足蹈，为她置办了嫁妆，买了一款手机，还有一些日常生活用品。

后来，她来到他家，才知道这里远离闹市，接近山区，手机根本接收不到任何信号。她有些后悔，觉得他欺骗了她。晚上，她不与他睡在一张床上，而是搂着两个孩子躲在沙发里。她不准他碰自己的身体，觉得他龌龊。

他只会傻笑，白天去山里开采石材挣钱，尽管晚上回家时累死累活的，但依然会为她和孩子准备像模像样的晚饭。

他们根本就不像是一对夫妻，但男人认为她是天上掉下的林妹妹，遇到谁都说自己娶了个美得像神仙似的老婆。其实，他们根本就没有睡在一块儿过，她与他约法三章，除非她高兴了、乐意了，否则绝对不准他碰她。

她费尽周折，终于在网上找到了一个倾慕她的男人。她向他倾诉了自己所有的不幸，他表示同情，说自己住在大城市里，条件还算优越，希望帮助她脱离苦海。她被那男人说得心动了，准备撇下两个孩子去大城市里。

临别时，她对自家男人说："闷了，去外面见个朋友。"

男人从贴身的小口袋里掏出一个手机，笑着说："我有手机了，虽然旧点，但是能用。我把号码告诉你。"

她本不打算回来了，因此，并没有记下男人告诉自己的号码。

在大城市里，她并没有收获爱情，那个男人根本就是个骗子，他什么都没有，他只是生活累了，想找个肉体寄托而已。她宁死不从，男人不依不饶，一记耳光将她打醒，她慌不择路地逃窜在都市里陌生的街头。

她回到了男人所在的小城里，孩子们过来围住她，可她没有看到男人的身影。

在屋里屋外找了一圈后，她不经意间发现男人正站在屋顶上。

男人高高地举着自己的手机，看到她回来，一脸惊喜："咱家有信号了，在房子上面。我打通了你的电话，你没有接。"

原来，在她离去的这段时间，男人每天都在房子上面高举着手机，只为了随时接听她的电话，包括她的任性、虚荣和自私。

回家的这晚，男人睡觉时，她裹着被子挤进他的被窝。

女人深深地感谢男人：他用他的朴素与执着，为她的慌乱和无助搭建了一台永恒的信号塔，让她的爱情永在服务区。

# 心中无爱，
# 怎会懂得珍惜

恋爱时，穷酸的他逛遍了半个城市，给她买了件旗袍。那旗袍的颜色很艳丽，她穿在身上，配上一款高挑的高跟鞋，立即闪现出迷人的身姿。当他说她很性感时，她绕着整个中心广场打他，说他没正经，专挑便宜的东西骗取女孩的芳心。

那件旗袍随着她走进了婚姻生活。婚后，她一直舍不得穿它，把它锁进了箱子的最底处。因为，这是他们幸福爱情的见证，她要像珍惜生命一样永远保存着它。

就这样幸福地过了几年，他们也曾有过针锋相对的争吵，但更多的，却是花前月下的浪漫和卿卿我我的缠绵。他们的爱情像极了那些旧式的爱情，不论经历了多少风雨，依然青翠挺拔。

那天，她收拾房间，发现了那件旗袍，准备拿到外面晒晒太阳，却惊奇地发现，布料上面竟然出现了许多花纹，她大声叫他："旗袍开花啦。"

听见她的呼唤，他急忙过来查看，看后他说："这是旗袍的布料不好，放时间长了，发霉了，你还真会给它起名字，旗袍也会开花吗？"

他继续说："扔了吧，有钱了再给你买几件。"

她说："不行的，这是我们爱情的象征，不能随便扔的。"

他说："你给我吧，我去衣料店看看能不能处理一下。"

半年后，她应聘到一家公司做办公室主任，由于长相出众，并且能力过人，她在又一个半年后当上了公司的常务副总，也就是说，她已经成了一个女强人，一个实力派人物。

接下来，她频频出现于各种重大场合，酒店、宾馆、公司的会议室，她的决策在全公司乃至同行业中得到了推广实施。她突然感觉自己一下子飞了起来，原来自己所有的才能都被时间困在了内心的最深处。幸运的是，今天，它全部释放了出来。

她很少回家，有时候回去，总是三言两语地应付他两句，便匆匆坐上车，去完成下一步的巨额规划。

终于有一天，在公司的办公室里，她发现了一个二十多岁的年轻人，眉清目秀的样子，她顺理成章地调了他做自己的秘书。在接下来的几年里，她的秘书接二连三地更换，理由只有一个，她开始变得喜新厌旧，她希望自己的生活每天都有春夏秋冬。

她穿衣服的档次也在不断地提升，为了挽住自己日益逝去的年华，她甚至从北京高价定做了几条修长的旗袍。那些旗袍，令自己所有的美丽瞬间一览无余。

一个偶然的时机，平庸的他发现了她出轨的秘密。当他知道自己的女人竟然有"三宫六院"的故事时，气得火冒三丈，他觉得她变了。

她被他招回了家，他质问她为什么会变得如此堕落。她回答他："你以为你是谁？这些年你所有的都是我给你的，我有自己的自由。"

他提出离婚，她哈哈大笑，这原本是她的专利，现在他竟然捷足先登了，也好。他写了离婚协议，她看也没看，就在上面签了字，像公司里签字报销一样。

他临走时把那件旧旗袍送给她，对她说："这是你的东西，你保留着吧。"

她说："我不需要了，你把它扔了吧。"

他没再说什么，只是把它塞进了她的衣柜里。

几年后的一天，年近不惑的她忽然觉得自己的生活竟然是如此的空白、单调和乏味，难道自己的爱情观真的出问题了吗？她苦苦地思索，但无论如何都想不明白自己究竟错在哪儿。

那天出席一个交流会，她需要在台上发言。她穿了一件旗袍，正当她准备上台时，办公室的一名职员竟然脱口而出："你们看，老总的旗袍开花啦！"

她猛地一愣，低下头去看旗袍的侧面，突然间发现旗袍上竟然出现了许多小花纹。她一时间非常费解，这么好的旗袍，也会发霉吗？

回到家里，她脱了旗袍仔细看，的确是真的，这种名贵的旗袍竟然也开了花。

她发疯似的翻箱倒柜找东西，她记得两年前，分手时，他好像放在了某个衣柜里。

终于，找到了，那套旧式的旗袍正规规矩矩地叠放在箱子的最深处，上面还残存着茉莉花的清香。她打开来，仔细观看，原来旗袍上面残存的花纹竟然毫无影踪，只留下一些灰尘，轻轻一掸，满屋尘埃。

她好像想到了什么，扔掉了手中的旗袍去打电话，电话接通了，她问："他在吗？"那边一个老妇人的声音："不巧，他和新婚妻子去海南旅游啦！"

满地的旗袍，刹那便开满了花。

旗袍是会开花的，旗袍的布料再好，也架不住岁月的折磨与推敲。爱情也是会开花的，但总有些爱情，开花了，并不会结果，这样的爱情不会相守到老，就如旗袍，虽然高档典雅，却会被剪刀凌厉地撕裂，碎了一地，那是你我不曾珍惜的爱情。

PART 4

防备了别人，
孤单了自己

# 嫁给你，
# 是因为从脚暖到心

女人的观念很新潮，她向往超越爱情本身的爱情，高于生活之上的生活。

当男人把胳膊挽成一朵花围在女人的脖子上说"嫁给我吧"之类的话时，女人总是甜甜地笑着，并不接话。不是不想嫁给他，她只是还没准备好，觉得自己还没成熟到可以做人家的妻子。

对于她的婉拒，男人并不气馁，而是温柔含蓄地说："没关系，等吧，等有一天，我们都走累时，我会借你一双臂膀，让你好好地靠着。"那一刻，她觉得很温馨、很踏实，心里想：就这样一直被他宠着多好。

不久后的一天，她下班后刚走到单位门口，就发现自己的皮鞋开了个大口子。这是他前两天给她买的皮鞋，她又气又怨，满腹委屈。

"什么水货，害人这么丢脸。"这么想着，她就觉得他是个不负责任的男人，在生活的细节上一点都不关心她，幸亏没答应嫁给他。

她愤愤不平地想：一定要给他点颜色看看，让他为自己的过失付出代价。

　　见到他时，女人一声不吭，男人看见开了花的皮鞋穿在女人的脚上，顿时心知肚明，他也不知如何向她解释，一脸的尴尬。

　　12月的冬天，寒风凛冽，女人脚上的鞋却裂开了口。会冻坏她吗？男人心里想着，便开了口："一会儿再去买双吧？"女人瞪了他一眼，向前一瘸一拐固执地走着。

　　在漫天雪花中，街头的拐角，女人看见一位老者正在修鞋，她赌气坐在鞋摊旁，把自己的鞋放在老者面前，男人赶紧过来解释，忙着和人家讨价还价，这是他的日常必修功课。

　　老者开始修鞋时，女人却突然感觉脚出奇地冷，一种刻骨铭心的酸痛瞬间涌上心头。正在踌躇间，一只脚从旁边伸了过来，是男人。

　　"来吧，把你的脚放在我的脚上，不要放在地上，地上凉。"男人一边说着，一边弯腰把女人的脚放在自己的皮鞋上，并且把袜筒里包着的棉裤露了出来，把女人的脚给包上。

　　女人看着傻傻的他，无言以对。

　　只是刹那间，女人感觉到有一种温暖从心灵深处传出，在这漫天的飞雪中，在这都市街角，一个男人正把自己的温度悄悄地往自己脚心里传输。她感觉到了从未有过的感动，眼角有一股热热的液体不争气地渗出，凝结成冰，将自己的冷酷冻结在里面。

　　在那个滴水成冰的夜晚，女人把自己的头靠在男人的肩上，告诉他："现在别无选择了，嫁给你吧。"

　　仅仅因为一个小小的细节，女人便决定将自己的终身托付于他，爱有时候不需要太多，只需要一个动作便够了。

女人们都有一双小巧玲珑的脚，配上精致的高跟鞋，便会瞬间展现自己的身姿。无论是在炎炎夏日，还是在冰天雪地里，她们从不吝啬展示自己的脚。

可是，她们不知道的是，脚如心一样，也是需要温度的。当一个人孤独地走在回家的路上，当一个人寂寞地生活在都市的一隅时，她们会突然间发现，自己的脚居然如此冰冷。这时候，她们多么希望有另一只脚从床的另一头伸过来，暖暖的，像春阳，像柳絮。

一只脚到另一只脚，没有多远，只需要一步的距离，而我们有时候感触到那点温暖时，却用了整整一生。

# 互成主角，
# 才配得起这场爱

他是个事业型男人，却习惯过"男主外，女主内"的传统生活。

她大学时便是校花，还写得一手好文章。她的才气得到过很多人的认可，大家都说："这样的才女一定会前程似锦。"

不过，自从她嫁给他后，便一心扑在相夫教子上，慢慢丢下了笔头。当然，起初她是不忍心荒废了自己的才华的。可是，他更加不忍心看她每晚都辛苦地爬格子，便以强势的态度劝服了她："现如今，写文章能挣几个钱，不如做个全职太太，每天照料老公和孩子，闲下来便上上网、购购物、逛逛街。"

他是很爱她的，大学期间，那么多男生追求她，唯有他俘获了她的芳心。大学毕业后，他没有钱，也没有事业，而她认定了他。两人背着父母私定终身。

工作后，他凭着一股拼劲儿，一跃成为公司的副总经理。自此，他和她的好日子终于来临了。

在公司里，倾慕他的女人不在少数，更有甚者，居然主动向他投怀送抱。不过，他想到妻子对他的执着与坚定，便以十足的定力让那些女人打了退堂鼓。

然而，他的一个女秘书偏偏不死心，每日里在他的耳前诉尽柔情。

一天晚上，他加班，女秘书来嘘寒问暖。他终于快要抵不住诱惑了，情不自禁地向女秘书搂去。可就在这时，他突然间心慌意乱，感觉家中似乎出了事。给家里拨了电话才知道，妻子莫名地晕倒了。

夫妻间如此心有灵犀，外人再多的纠缠也是多余。女秘书几次试探未果后，选择了妥协退缩。

至于妻子的晕倒事件，他也知晓了原因。原来，妻子每天闷在家里，竟然闷出病来，好在并不严重，稍稍调养一下就可以康复。

他想到周末公司要举办一场舞会，突然间灵光闪现，决定邀请妻子到公司跳舞，也算是对大家有一个交代：我已经有了最爱。

舞会现场，由于一个舞姿，妻子在大庭广众之下与他吵了起来。顿时，他感觉丢了身份。他平日里在公司说一不二，而现在却当着这么多人的面掉了价。他大发雷霆，说她没有教养，却不料才华横溢的她狠狠反驳了他，随即头也不回地离开了。

她并没有回他们的家，而是去了闺蜜家中。他四处打电话求援，子夜时分，却接到了她闺蜜的电话："难道她只是配角吗？"

挂了电话，他一脸木讷，一夜无眠。

第二天，他向朋友们寻求支持，一个朋友对他当头棒喝："在爱情中，男女双方都是主角，男女主角，懂吗？"

他如梦方醒，赶紧去接她回来。她对他本就没有多少恨意，毕竟爱情是基础，孩子是牵挂，被他一哄，就回家了。

之后的他像换了个人，经常带她参加各种宴会，而且会亲切地向人们介绍她："我的爱人，才女，作家，发表过很多文章。"

不仅如此，他还鼓励她重拾笔头，继续在稿纸上耕耘。她没有辜负他的好意，只用半年时间便加入了当地作家协会，成了小有名气的女作家。

爱是一部经典浪漫的电视剧，在这部戏中，爱的双方均是主角，没有配角。如果一方站错了位置，或者是选错了方向，那么，男女主角就有可能被越俎代庖。我们要做的，就是扶持对方演好这个角色，而不是怨天尤人、求全责备，更不是郁郁寡欢地跳独角戏。

# 心若相知，
# 无言也默契

　　她一直渴望的默契，在自己的爱情生涯里从未出现过。尽管他们也曾有过花前月下的浪漫，但婚后的生活平淡如水，短暂的激情过后，甜蜜就再也难以延续下去了。

　　夫妻相处，争吵不可避免。新婚不久，两人便因一些鸡毛蒜皮的事吵得不可开交，直到双方家长频频出动，才息事宁人。

　　夫妻事，绝非平淡事，一举一动，一颦一笑，能够得到对方的首肯才是最重要的。

　　她与他的爱进入了白热化，他一度躲着咄咄逼人的她。

　　其实，她是那种心细如丝的女子，平生最大的愿望便是嫁一个体面的丈夫，相守到老。

　　可是，他们性格相左。不论她要什么，他都会唱反调。她恼怒之余，便对着他狂吼："我渴望的默契呢？性格不合也就罢了，你就不能由着我点儿，我确实喜欢耍小性子，可你应该明白，这是每个女人都有的权利。"

男人不想将事情闹大,便按捺住性子,连宠带哄,将她当个孩子似的搂在臂弯里,替她擦掉眼角的泪,看着她沉沉睡去。

这样的日子毕竟不能长久,男人有工作,有交际,有自己的空间,不可能将自己的全部都奉献给对方。爱情勒得太紧了,是容易出现事故的。

男人开始早出晚归,有时候甚至每天只有一通电话打过来,丢给她一个漫漫长夜。直到后来,他索性连电话也不肯打了,一个应酬忙到天黑,一个饭局吃到天明。

女人毕竟是敏感的,她觉得他变心了。在一个时期内,她拼命搜索着他出轨的证据,一个证据掉一次泪,字字泣血。

经过几番调查,她发现他经常与其他女人纠缠不清。她知道他单独约过一个女人吃饭;她知道他有次喝醉后被一个女人搀进了宾馆;她还知道他背着她置了一处房产,不知想送给哪个女人。

人若是沉默久了,便渴望一场爆发。终于,女人义无反顾地将离婚协议扔在男人面前。那一刻,男人刚刚从黎明的酒醉中醒过来,不知所措地揉揉眼睛,瞬间泣不成声。

"我们离婚吧!你不是外面有人了吗,那么多的妩媚女人,哪个都可以与你纠缠一辈子。"女人脸上没泪,泪早风干了。

"哪有的事情?我一直记得最初的承诺,就是打死我,也不会做那种事情来。"男人辩驳着。

女人将近一个时期整理的证据扔在男人脸上,男人怔怔地看着。

"这个女人是公司安排我应酬的客户;这个搀我进宾馆的女人是服务

生；至于买的房子，写了你的名字，我不想让你一辈子待在蜗居里。"

男人找出房产本，递给女人。

原来是这样。女人像个做了错事的孩子，捧过房产本，认真地看，仔细地瞧，生怕错过一辈子的幸福。

女人终于明白默契的真正含义了。夫妻之间，能够做到默契最好，但不能为了保持默契而缺乏真正的沟通与理解。长久的沉默，是爱情变质的导火索。

"默"是花，"契"才是果。花不会长久，但"契"的果实却可以永远在爱的殿堂里保鲜。原来，默契也是有级别的，如果想举案齐眉、心照不宣，就需要修炼你我的爱情，从最初级的无限制争吵，经过理解与沟通，最后才到达婚姻的制高点。

爱是你来我往，不是一个人的独角戏，这世上没有轻轻松松就可以直入云霄的比翼鸟。

# 疯狂过后，
# 最美的就是平淡

离婚是女人先提出来的，无它，只是原本的激情被平淡的婚姻腐蚀得七零八落，再也创造不出曾经的浪漫与温柔。

女人回想着恋爱时的风花雪月。那时的她，一身小巧玲珑的紧身裙，他会用一整个夜晚来夸奖她的美貌与温柔；那时的她，简直是他最爱的宝贝，他恨不得天天带在身上。

不知何时起，她开始讨厌身边睡着的这个男人，做事随随便便不说，脏衣服不洗不说，就连原来一天能说几十遍的"我爱你"，如今他也难开金口。她觉得，现在的生活简直是煎熬。

终于，她提出了离婚。当时，他正准备出门，她听见他手提包落地的声音。

他沉默了很久，最后才勉强说："给我点时间好吗？"

她点头，然后他出了家门。

　　在家里窝了一晚后，她才想起来好长时间没去看父母了。以前为了照看好丈夫，她一直忙忙碌碌，现在总算有时间回去探望家人了。于是，她买了一大堆礼物，整理好心情，奔向了娘家。

　　到家时，母亲恰巧出去了，擅长茶道的父亲正在煮茶。

　　父亲见她回来，邀请她过来品尝。父亲正在烹制一种甜茶，满屋都是甜甜的气息。

　　她坐在父亲旁边，想起跟丈夫之间的事，不禁满腔的无助和凄凉。

　　父亲一时无语，等茶沏好了，为她倒了一杯。当她端起来，顿时感到一种从未有过的清爽，好长时间没过来看父亲了，父亲的茶她也就没福喝到了。她下定决心，以后要常回家看看。

　　父亲对她说："人有人道，茶也有茶道。这是一杯甜茶，就像生活或者爱情一样，开始时总会感到新鲜，彼此疼爱有加，甜蜜幸福。"

　　她不明白父亲在说些什么，只是像个小孩一样静静地听着。

　　父亲又换了一种茶，是苦涩的那种，满屋子都是凄苦的气息。

　　茶沏好了，父亲又说："时间久了，日子便苦了，就像这茶一样。磕磕碰碰得多了，埋怨抱怨也多了，不吃苦，哪来白头偕老的爱情呢？"

　　她喝了一口，感觉这种味道像极了自己曾经的心情。

　　父亲又倒了一杯茶给她，她喝了，感觉淡淡的，好像是白开水。

　　父亲说："是的，这是白开水。婚姻到了最后，就会从容得像一杯白开水。所有人的婚姻，无论开局多么精美出色，结局都会是一杯白开水。所以，我们每个人都要以平淡的心态来对待它。"

父亲将一本书放在她的面前，这本书的名字叫作《爱情茶道》，父亲最后说："他昨天来过，给我带来的这本书，我们两个男人，喝了一天的茶。"

女人细细地琢磨着三杯茶的滋味，忽然有眼泪从眼眶中轻盈地淌过。

女人回家时，顺手带走了那本《爱情茶道》。

# 一朵花
# 只能有一个花盆

那年夏天，已经单身多年的她进入了他的公司。当她看到他时，她感觉自己的心跳似乎加速了两倍。他是那么的令人着迷，令她羞怯得不敢看他的眼睛。

半年后，一个良好的时机，她居然被调进办公室做他的秘书。

她开始打听他的情况，包括个人爱好。她听说他家里有个温柔如水的妻子，还有一个人见人爱的孩子。那天，他的妻子来公司，她远远地看见了那个温婉优雅的女人。

她进退两难时，恰巧他要去南方出差，公司里抽不出人送他，她便自告奋勇说她愿意去。

他开着车，她坐在副驾驶的位置上。

他问她家是哪儿的，什么时候进的公司，个人情况怎么样等等。她小心地回答着，脸红得像红葡萄一样。

他走时，叮嘱她开车慢点，但回来时由于她心猿意马，还是出了事故，一辆迎面过来的轿车撞到了她的车，她受了伤。

她住进了医院。他回来时不停地骂自己该死，说不该将车交给她开，自己应该打出租车过去的。他叫来了自己的妻子，叮嘱妻子要小心地照顾好她。

梦里，她不停地出汗，醒来时，她感到浑身无力。

他的妻子正坐在她的床边，拿湿毛巾为她擦脸上的汗水。

他的妻子说："你别太在意了，医生说你的伤势没有大碍，休息一阵就好了。"

几天后，她出院了，她觉得有必要到他家去一趟，她要去感谢他的妻子，是他的妻子在她住院时悉心照顾了她。

到了他家，她看到他的妻子正在侍弄家里的花。他的妻子放下她送来的礼品，邀她一起侍弄花。

她忽然发现了一个奇怪的景象：有一个花盆里居然种着两种花，那两种花互相竞争着，个头都十分矮小，花盆也快被它们撑破了。

他的妻子告诉她："这是去年一个花匠种的，他想尝试着在一个盆里种两种花，可事实证明这是错误的。一个花盆只能拥有一朵花，这是自然界的规律，如果破坏它，不是花死，就是盆破。"

他的妻子说着，便开始将那两种花的一种移植到另一个空花盆中。她听着，看着，有种手足无措的感觉。

他的妻子继续对她说："姑娘，我在医院陪床时，你嘴里不停地呼唤着我老公的名字。他的确是一个值得女人爱的男人，但你还年轻，应该去找一个更适合自己的花盆。记着，一个花盆只能拥有一朵花，否则，会出错的。"

　　这个充满智慧的女人，用一个故事化解了她们之间的嫌隙。她是带着一份祝福离开那家公司的，她相信，自己总能找到适合自己的花盆。

# 再近的距离，
# 也是一种断绝

  他与她，相识了三十余年，可谓青梅竹马、两小无猜。他们彼此了解
对方的个性、脾气，就连对方的爱好也是如数家珍。如果不是当初双方父
母均反对，他们早就结为夫妻了。

  两个人在各自结婚后，原本素无来往了，但一次偶然的相逢后，双方
在婚姻生活中面临的难题让他们重新走到了一起。

  他想到了妻子制定的家规，不允许他私自外出，更不允许他背着妻子
见别的女人。他也曾反抗过，但妻子摆出了当初他立下的铮铮誓言。他答
应过妻子，听她一辈子的话，放纵她一辈子光阴。

  而她呢，面临着一段感情破裂的婚姻，丈夫早已经厌倦了他们之间的
平淡，与另外一个女人私自约会。她闹过，有一次恰巧撞见他跟那个女
人亲热，骂了他们个狗血淋头。丈夫原形毕露后，反而更加肆无忌惮，与
那个女人私会的频率越发高了。她心凉了，等待着某一日，办了离婚协议
后，从此便分道扬镳。

一男一女在一起，感情是回避不了的话题，一来二去，久违的感情重新回归，他们眼神中流露着一种渴望与激情。

他的妻子，发现了端倪，却一直按兵不动。在他看来，现在正是自我感觉良好的时候：让了她二十年了，也该峰回路转了。

此后，他与她经常在一起吃饭，隔着一张餐桌的距离，手握在一起，仿佛永远不再想分开。两颗孤独的心重新聚合在一起，彼此可以听得到对方的心跳，这便是爱的魅力吧。

后来，两个人索性坐在一排了，近些，不再生分，摩肩接踵也是一种爱的信仰。他们互相夹菜喂对方，热恋岁月不请自来，两个人都掉进了情网里。

终于，到摊牌的时候了，他犹豫不决，但一想到一辈子的幸福，便下定决心，破釜沉舟。

她的母亲却突然生了病，她不得不到医院为母亲陪床。那天上午，阳光分外明媚，在她的母亲的病床前，他的妻子竟然提着大堆的礼物前来探望，她不知如何应对，对峙间，他破门而入。

"这么巧？她是你以前同学吧？"他的妻子十分大度地说。

他一直没有发言，而她则语无伦次地胡乱介绍着。

没有想到，晚饭前夕，二人竟然同时收到了他的妻子的邀请，就在医院的对面，一家素雅的餐厅。

她坐在对面。他的妻子牵过他的手，与自己并排坐在一起。

他的妻子率先打破了尴尬，一副谈笑自若的样子，先问伯母的病情，再问他跟她的前尘往事，再说到她现在的处境，最后说到了他。

他的妻子脸上始终挂着微笑，说："我老公啊，啥都好，就是耳根子太软，容易上别人的当。他以前做销售，就被别人骗过。他需要一个像我一样精明却看得紧的女人管着。"

席间，他的妻子隔着一张餐桌不停地为她夹菜。由于桌子小，他的妻子的胳膊经常跟他的胳膊碰在一起。

他的妻子谦让地笑着，对她说："你看，日子就是如此，夫妻在一起，难免出现碰撞，但无论如何，我们都是待在一起的。至于情人嘛，应该坐在餐桌的对面，这也算是一种距离吧，夫妻毕竟是夫妻，不需要距离，耳鬓厮磨、相濡以沫、水乳交融。"

这是一个妻子对他与她最简单的却充满智慧的挑战了，他感到耳根发热，想到自己的背叛和愚蠢，不禁无地自容。而她呢，钦佩他妻子的气魄与勇气。没有争吵，无需对簿公堂，他的妻子用一个经典的比喻便收拾了他们两颗不可臣服的心。

情人之间的距离，就是一张餐桌的距离，你我坐在对面，泾渭分明。你有你的日子，我有我的岁月，爱憎分明，可以倾心相交，但绝不可以越过灵与肉的界限。

去厕所时，他颤抖着从怀中掏出了草拟好的离婚协议书，撕了个粉碎。

# 多疑是
# 爱情的毒药

在无数次的试探、举棋不定和犹豫不决后，她终于心满意足，嫁给了他。她幸福得要死，那些长期在心头摇曳的情事，终于尘埃落定，刹那间便春意盎然，好像春天摇曳着的那株夹竹桃。

夹竹桃是她的最爱，无论什么时候的春天，家中院子里总会摇曳着一株株夹竹桃，因为里面包含着母亲与父亲的辛酸爱情，每当她出门时，母亲都会特意告诉她，记得夹竹桃，便记得了整个家乡。

于是，她自然而然地将夹竹桃搬进了自己和他的小屋里。房间虽小，但空气怡人，有了这株夹竹桃，她觉得他们的爱船驶入了春天。

他回来时，捂着鼻子问："屋里这是什么味道？"

她白了他一眼："夹竹桃呀，我刚买的。"

他一听到夹竹桃的名字便咆哮起来，好像是戳了他的疼处："快搬出去，这样的花不能放在我们豪华的客厅里。"

她以为是他在影射自己家境和身份的卑微，便与他吵了起来，他一气之下离开了家，再见面时，他们已经将离婚协议各握一份在手，俩人无语片刻后，挥挥手，既然不爱，散了吧。

她一个人跌跌撞撞地过了许多年，其间，很多男人走进过她的生活，她却始终用一种怀疑的目光看待他们，她浑浑噩噩，惶惶不可终日。

那一年，她接到家里打来的电话，说外祖母病危。她从小在外祖母家长大，母亲要她无论如何回去见她老人家最后一面。她匆匆忙忙地回家，到家后，发现几个亲戚正在砍伐满院的夹竹桃，她不解地问母亲其中的缘故，母亲说外祖母呼吸不好，夹竹桃有毒，医生建议砍掉他们。

夹竹桃有毒吗？她不停地追问母亲，母亲叹口气说道："是的，我们家的人都有慢性咽炎，医生说与夹竹桃有直接关系，说一定要砍掉的。"

突然间，她的视线里闪现了那个疼她爱她的男人，原来夹竹桃是有毒的，怎么会这样呢？夹竹桃真的有毒吗？为什么不早告诉我，这个男人太傻了。

她风风火火地往回赶，去找那个愿用一辈子时间陪她敬她的男人，敲开关闭已久的大门，里面传来一个老人的声音："他半年前搬走了，临走时特别嘱咐我搬走阳台上的夹竹桃，他说这个东西有毒。"

原来，她的爱情早就中了夹竹桃的毒，时间越久，侵入越深，只是她不知，便错过了一段金玉良缘。

其实，爱情本是无毒的，只是栽种爱情这棵树的人多心，亲手制造了自己的爱情惨案。

# 愿我的好心
# 换你的好意

从相识到结婚，是一个容易感动、容易冲动的过程。她和他从相识到修成正果，只用了三个月时间，这不叫"闪婚"，而是一种双方的渴望和期待罢了。

他俩都是大龄青年了，家人的催问，同龄人的孩子都像铁锹一般高了，这些现实问题，使得他们不得不做出这种有些出乎意料却合情合理的决定。

结婚后，她才慢慢了解到他的贫穷和孱弱，他的身体就像捉襟见肘的生活一样糟糕，勉强出去打工，没几天便累得吐了血。她正是花儿般的年纪，什么都渴望，可他都给不了。

她喜欢化妆，喜欢各式各样的高档品，可自己微薄的收入无法满足需求，从他那里又得不到支援。她开始讨厌他的存在，渴望另外一种不缺乏物质的生活。

她华丽转身只用了半年的时间。

她准备去远方的一所大学攻读硕士，这是她多年来的愿望，她之所以隐瞒着他有两个理由：一来不想让他知道，毕竟他身体不好；二来是想给自己的灵魂一个过滤的过程，然后好做出最终的裁决，爱或不爱，总得有一个结果吧。

她摸爬滚打了两个月时间，不分白天黑夜地操劳，好不容易凑齐了路费和学费，她只是轻描淡写地告诉他："我要走了，出差，至少半年的时间。"

他没有回答，而是默默地为她准备好行李。她没有告诉他离开的时间，他却耐着严寒一直等待在车站，直到她的身影出现。上火车时，他交给她一个大包，打开来，却是一些她平日里爱吃的小零食，她的眼眶有些酸胀。

她拼命地学习，想排泄一下内心对爱的失望和无助。期末时，她居然得到了近5000元的奖学金，她好想买上一大堆的化妆品，为自己修饰一下贫乏的生活。

但她没有，她打算将钱邮给他，就算作分手的经费吧。她在汇款单的填写栏犹豫了半天，她没有写上自己的名字，只是写了一个"好心人"的字样。也许，他会明白的。

这件事情办完后，她想着她们可以天各一方啦，希望他能够好起来。

一周后的一天，教导主任拿着一张汇款单到处寻她，她接过来看时，泪如泉涌。是他邮来的，附言栏里这样写着：一个好心人给了我们5000元，你下学期的学费有着落了。

她此时才知，这5000元的邮路已经直通自己的心底，他轻轻地在自己浮空的承诺上面盖了一个天长地久的邮戳。

大年三十那天，她回到家乡的小城，他在车站接她，依旧一脸的沧桑，只是多了层喜悦。那晚她轻轻地告诉他："除夕夜，我们要个孩子吧。"

## 一天一点爱恋，
## 拼成天长地久

那天，为了维护在家中日益失去的地位，他毅然发动了婚后的第一场战争。战争的结果很残酷，而他却以微弱的优势战胜了一贯以老大姐身份在他面前耀武扬威的她。

那时，她很无助，坐在沙发上一个劲地哭，还嚷着要分家，说她要住西屋，让他搬到东屋，以后"井水不犯河水"。

她抹着眼泪，从怀里掏出银行卡给他："这些钱都是你攒下来的，都是你的，我只有喝西北风的份。"

虽然他已经胜利了，但男人最怕女人的眼泪，他一时茫然无措。

后来，他以半个月的时间来抹平这场战争带来的伤害。在这半个月里，他一个人睡在沙发上，搂着个大熊猫玩具。有时候，正睡着，不知不觉就从沙发上滚了下来。

那天，一位朋友携妻子到访。这位朋友和妻子已经结婚十年了。当初，在家人的反对声里，在众人不理解的眼神里，他们挣脱了各种各样的牵绊走在了一起，许多人预测说他们的婚姻不会长久。但现在，面前的他却是光彩照人，她依然习惯性地挽着他的胳膊。现在看来，他们真是天造地设的一双。

他向他们倾诉了自己的尴尬处境，并且对他们说今天只有吃咸菜的份了，老婆回娘家去了。

朋友笑笑，说有个秘诀，也是他们十年经验的升华，不知他是否愿意听。

他巴不得呢，说就算掏钱也要听。

只有一句话：给她一分钟的爱情，不多，只要一分钟就够了。

他听着云里雾里，夫妻整日生活在一起，不是到处都是爱吗？

朋友接着阐述自己的观点："虽然我们每天都在一起，但世事却将我们的心拉开了，将我们的爱拉得四分五裂。每天只需要用一分钟的爱情，你只需要在她上班之前，给她一个深情的拥抱，或者是一个甜蜜的吻，她就会带着一份好心情去开始一天的新生活；或者你在下班后，用一分钟的时间给她沏上一杯咖啡，小屋内就会香气盈人，一派春天的景象。"

他忽然明白了，原来所有的症结都在于此，每天瞎忙活，到家倒头就睡，就连说话的机会都少了，爱情肯定也失去了原先的浪漫和光彩。

那天妻子回来时，他躲在门后面，拿出他用一分钟时间在街对面买来的玫瑰花，再花一分钟时间帮她整理了带回来的工作资料，然后又拿出一分钟时间为她倒了杯凉白开。看来，浪漫是人造出来的，不是上天随便恩赐的。

　　妻子感动得不得了，说他一叶知秋啦。他说不是，只是把她的时间替她挤出点来，让他们有更多的时间去享受。

　　一分钟虽然短暂，但如果把它长年累月地加起来，它将产生无穷无尽的温馨与和谐。像一分钟这么短的爱情，有谁一直在坚持，并且能够坚持一生？

# 猜忌少一点，
# 遗憾也会少一点

男人下岗后，女人开始经营一家鞋店。在此之前，她一直是全职家庭主妇。现在，他们的生活水平每况愈下。男人重新应聘到了一家私企打工，每天很晚才回家，累得倒头就睡。

女人的鞋店里有各式各样高贵的鞋子，每一款她都十分喜欢，却也都昂贵无比。她平时只穿了一款再普通不过的皮鞋，衣着也不算华丽。

男人打电话过来，说周六晚上公司有个高规格的舞会，是老板与老板娘亲自主持的，不是所有的员工都可以参加，而他与她，竟然在被邀请之列。

女人不愿意出席这样的场合，可是哪个女人不爱美丽，她只是没有华丽的服饰罢了，更没有一双像样的鞋子。

女人想拒绝男人，但男人说得斩钉截铁："这可能直接关系到我下一步的升迁，因此，决不能推却。"

女人看到了货架上那双价值上千的高跟鞋，蓦地，一个想法掠过心头：只穿一个晚上，回头脱下来，擦拭干净，打上鞋油，照样卖得出去。

她胆战心惊地这样做了，整个晚上都于心不安。但无论如何，那晚，有了这双高跟鞋的映衬，她俨然成了世上最骄傲的公主，就连老板娘也啧啧称赞她的高雅，问她这双鞋子从哪儿买的。

散场时，已经很晚了，她辗转回了店里，脱下鞋子，检查一番，幸好没有破损，她又细心地擦拭鞋子，打上鞋油，这一忙活，她足足收拾了大半个晚上，才放心地把它放回货架上。

次日下午，老板娘突袭而至，一眼便瞧见了那双精巧无比的高跟鞋。

她不敢看老板娘的目光，小心翼翼地比划着，最后以原价卖给了老板娘。

她好想告诉老板娘真相，但虚伪在作祟，她不能讲出来，有些事情，宁可烂在肚子里。

半个月时间过去了，丈夫回家，端着一只鞋盒，惊喜地打开让她看。她呆住了：竟然是那双高跟鞋，不是被老板娘买走了吗？

丈夫道："她鞋子太多，说这双鞋子十分适合你，便送给了你，就算是对我这段时间工作的补偿。"

她第一次如此仔细地端详着这双可爱的鞋子，晚上将它穿在脚上，与他翩翩起舞，丈夫笑她像只可爱的小精灵。

这样的结果最好了，她思忖着，但总得找个机会谢谢老板娘才好。

机会果然不请自来，年末的舞会时，丈夫已经是公司的营销老总了，女人依然穿着那双可爱的高跟鞋，老板娘热烈地为她鼓掌，她偎依在丈夫的怀抱中，一脸幸福相。

一杯红酒擎在手中，她姿态优雅地与老板娘碰杯，感谢她的赏识，特别是这双华丽的高跟鞋。

老板娘笑了，拉了她小声说道："你应该感谢你的丈夫，是他委托我买了送给你的，他让我保守这个秘密，可是，我不敢欺骗爱。"

一句小声的赞叹，女人突然间泪流满面。她轻盈地跑过去，不顾众人的艳羡与喝彩，尽情地搂住丈夫，一连串的吻落在男人的额头上、面颊上。

她曾经猜忌过丈夫移情别恋，曾经虎视眈眈地跟踪过他的行程，而现在，一切不可一世的谎言均已经过时了，男人用一双世上最高贵的鞋子，买断了一个女人华而不实的虚伪与自私。

这一双世上最高贵的鞋子，踩出了世上最朴实经典的爱之路。

# 别将你的爱
# 放在我的生命之外

离婚后，他胸中时常隐隐作痛，对前妻总有一种莫名的感慨与遗憾。

他们是真诚地爱过来的，但在柴米油盐面前，所有的承诺都成了过眼云烟。平淡如水，味同嚼蜡，这样的爱情，如果再没有一丝一毫的风生水起，怎能相濡以沫？

争吵是常事，在家中吵，在孩子的学校吵，在他的单位也会纷争不断。他是一位企业的高管，如何经得起如此多的纠缠，于是，索性离了吧，散了吧，如风如雨。

坚持了一段时间，他不得不请了长假，去医院看病。检查结果出来后，医生说他的身体并无大碍，依然像年轻时一样棒。

那为什么总是胸中作痛呢？一定是心理出问题了，于是他推开了一家心理诊所的大门。

一个戴着口罩的女子，身材矮小，替他拿号诊脉。其间，她一直咳嗽，他忍不住道："你注意身体吧，感冒了吧。"

她抬眼看他，他却意外地感到了一种从未有过的熟悉，但电光火石之后，便被她嘶哑的声音惊醒了："一个病人，管得了医生吗？"

他向她讲述自己所有的不幸，包括可怕的爱情，对方不说话，只顾拿着笔在日记本上不停地记着。她在寻找医治他的良方。

他一口气讲了两个小时，然后停下来，等待对方回答，但她却示意道："继续讲，没讲完呢？"

还有吗？对了，还有她，自己对她的确严酷了许多，钱是自己管着的，她没有随意动用的资格。原来的自己还比较大度，时间久了，总是生疑，生怕她会拐走自己的钱财。还有，她去会朋友，他则暗中跟踪，怀疑她珠胎暗结。

"你果然有病，病得不轻。"医生一句话，总结得十分精辟。

一个方子，摆在他的面前，只写着一句话："找到前妻，向她道歉。"

"我有错吗？错在于她。"

他刚想发怒，对方则拍案而起："你想不想治好自己的病？"

医生的眼睛中尽是锋芒，由不得他不可一世。

他思考了半天时间，才敲响了她的家门，孩子叫了他爸爸，他感动得不得了，抱了孩子。

眼前的她，依然勤恳，小小的家，收拾得井井有条，笑容满面，一点儿也看不出忧郁。

他向她道歉，她却不接受，让他赶紧走，临走时，她提醒他："别总是啃方便面，你有胃病。"

那个晚上，他一个人下厨，为自己做了一顿饭，才知道做饭的不易。菜不会择，下进锅里，竟然有尘土；油搁多了，旺盛的火苗突突直冒，燎了他的眉，燃了他的胡子。

"是谁偷走了我的爱情？"他问医生。

"不是岁月，不是年纪，而是你的心。"医生确切地告诉他。

第二道方子，药引依然吓人：继续找到她，与她复婚。

这怎么可能？她会愿意吗？刚想发问，对方却偃旗息鼓，关灯打烊了。

他喝了一顿酒，哭了个痛快，醉意朦胧中，却接到了乡下母亲的电话："你个崽子，她多好呀，赶快找回来，这是任务。"

他变成了另外一个人，每天早起锻炼身体，业余时间便跑到学校接孩子，晚上守在她的门口，虔诚地做守护，由不得她不感动。仅用了半年时间，爱情便恢复如初。

他跑到心理诊所里，见到了那个医生，医生脱了口罩，竟然是她的闺蜜。

无需解释了，感谢还来不及呢！交了费用，他领到了最后一个良方：在余生里，别再让自己偷走自己的爱情。

PART 5

我最大的勇气，
就是一直爱你

# 原谅你，
# 就是对我的救赎

女人是无意间发现男人出轨的证据的。

那天，女人在收拾男人的衣服时，在他的白衬衣领口上发现一抹惊人的红。起初，她不敢相信自己的眼睛，觉得这可能是西红柿的汁液。男人爱吃西红柿，甜甜的酸酸的西红柿是他们爱情美满的有力见证。可以这样说，就是因为他对她有一种如西红柿般的火热情感，她才嫁了他。

仔细分析后，女人失望了，这种红分明是口红的红，红得做作、不自然。口红印就好像一枚定时炸弹放在了女人的心里，她七上八下地想着对策。按照常规，女人本可以选择"破罐子破摔"的策略，因为这是一种最通常的方法，也是最有效的方式，但女人没那样做。

在一次次的侦查过后，女人最终证实了自己的观点，她的男人与她的一个女同事有了猫腻。那个女同事的家离她家不远，只有一站的距离，她曾经带着他一同去过，没想到的是，那儿成了他们感情的"流放集中营"。

那天下午，在男人进入那个女人家后，女人拿了男人的白衬衣，那上面分明一抹惊人的红，红得让人不寒而栗。

女人敲响那个女同事的家门，只听里面一阵忙乱，接着女同事开了门，脸上印着无法掩饰的惊慌。女人的表情很平静，对她说："很抱歉打搅你，能借我用一下你的透明皂吗？我老公吃西红柿时不小心把汁液印到了白衬衣上，我想洗一下。"

女同事怔了一下，继而明白似的苦笑："有的，等会儿。"

女人的眼里藏满了泪水，她真想冲进去，打他们个措手不及。

等到男人回家时，那点深深的红已经被女人的巧手变成浅浅的红，继而成了一片雪白，就好像上面什么也没有发生过。

爱从口红到西红柿的过渡里，她用理智赢回了属于自己的爱，那个女同事称赞她是天底下最聪慧的女人。

口红的红是那种虚伪的红、弱不禁风的红和华而不实的红，而唯有西红柿的红，是那种精致的红、雅丽的红，衬着火红的激情，就好像一枚爱情的信号弹，释放在生命纯洁的天空中。

# 不是什么事物
# 都可以待价而沽

男人厌倦了与女人在一起时的爱恨情仇，与所有的男人一样，他对新鲜的爱情元素跃跃欲试。他想翻越婚姻的墙，在外面的庭院中寻找另一种缠绵悱恻。因此，他希冀着，憧憬着，寻找着。

在自己所住的小区门口，他有幸捡到了一张宣传单，上面写着一段宣传语：你可以用钱买来爱情，现实中的爱情虚幻无力，如果你加了这个号，打了这个电话，你将会倾听到世界上最美妙的声音。这是关于爱情的解释，关于超一流婚姻的密码。

男人禁不住诱惑，捡起了这张宣传单。回家后，将它塞进了箱子深处，生怕女人发现了骂他不要脸。

男人开始疏远女人，有预谋的，若即若离的，惹得女人终于按捺不住了，对每日早出晚归的他丢下了一句话便回了娘家，这句话是："在一起时间太久了，分开些时间吧。"

男人兴奋不已，回家时，将音箱调到最高频，惹得楼下的一个小脚太太每日必上楼来拍打房门。这还不说,他还上网寻求感情慰藉,哪一项刺激玩哪一项。这样狂欢了几日后,他欲罢不能,白天上班总是走神,有好几次被老板揪到"面闭室"里接受责备。

男人于某个时刻翻出了那张宣传单,用钱可以买来的爱情,虽然如镜花水月,但也可以尝试寻找另外一种别致的生活方式,不然如何对得起匆匆的人生。

男人兴奋地加了对方的号码,对方很久才通过了他的请求,却一句话不说。男人似乎找到了可以倾诉的机会,拼命给对方说我爱你,在心中呆滞太久的欲望想在这个时刻发泄出来。他的计划是这样的:先压住阵脚,用语言打动对方,不就是出钱吗,等时机一步步成熟后,便哄骗对方出来约会,这大概是所有网恋者的普遍心思。

男人说了半天,对方只回了一句话:正式项目未开始,请将一千元打入账户里,然后才能买到爱情的一丁点。

打就打,男人没有迟疑,通过自己的网银,三下五除二便成功支付了。对方给他发了一个笑脸表情,项目便开始了。

对方不进行视频,却可以让男人倾诉衷肠。男人说了自己困惑的事情,对方解答得妙语连珠,似乎十分了解他的心情。当对方说其实每一个男人都很辛苦时,男人深有同感地哭起来。

对方下线了,男人有些意犹未尽,突然间看到了宣传单上的电话号码,便如饥似渴地打了过去。对方却说:"电话聊天也需要交费,这是一个新的项目。"

男人不解,问道:"什么逻辑?我已经交了网费了。"

"爱情也需要珍惜,世上没有白送的爱情,如果不交钱,恕不接待。"

男人怔怔的,忽然间觉得妻子以前送给自己的爱情,一分钱也没有要过。

闲着也是闲着,钱还是交了。对方甜美的声音传来,却是一种过滤了的声音。男人问她为什么用假音,对方解释说:"我不想让人识得我的'庐山真面目',这样的距离感才有渴望与激情。"

果然与网上的对方是一个人,男人求之不得。他将大量的以前与妻子未讲过的话语和盘托出,但对方却拒不谈性,这样的高雅绝非一般网友所有。当对方说自己是博士生时,男人突然间觉得自己遇到了伟大而浪漫的爱情,这种高学历的爱情,正是自己可望而不可即的。

他竟然忘了,自己的妻子也是心理学博士学位。

男人的生物钟受到了影响,白天总是懒散贪睡,业绩飞速下滑,老板差点送给他一盘"清炒鱿鱼"。

一天晚上,女网友对男人说:"你以后得注意点,别总是很晚了还给我打电话。你要多休息,我也是一样。我是有正当工作的,我可是业余时间才搞这样的项目的。"

男人在这一刻顿悟,电话里的女子,才是自己朝思暮想的最爱。原来用钱真的可以买来爱情,她温柔体贴,平易近人,知道你的过去,了解你的将来,这样的缘分难道不足以开始一场经典的爱情吗?

再一次电话时,男人旁敲侧击道:"我想见你,我要娶你,我有钱,我愿意用钱买一辈子的爱情与幸福。"

女子却在电话另一头讲道："钱可以买来性与爱情，却买不来幸福。爱情开始时新鲜，过一段时间，就会僵硬无比。平淡才是爱情的主题，如果能够学会在平淡中寻找浪漫，才可以找到爱的真谛。"

一连几日，女人不上线，男人不解，后来才想到了，两个月时间过去了，可能是钱不够了，于是，他又往对方账户里打了一笔钱，却没有得到任何回复。

妻子这段时间一直没有过来，连个电话也没有打过，男人觉得该慰问一下子，就算分手了，也毕竟有过一场刻骨铭心的爱情。

电话通了，却没有人接，男人心绪难平。

过了几日，对方却打来了电话："钱收到了，我刚动了阑尾炎手术，不好意思。"

男人怜悯地说："你有病了，我得去看看你，这时候你最需要安慰。"

女人不肯，挂了电话。

次日，妻子却回了家里，脸色苍白，虚脱得要命，说要在家里休息几日。男人生怕自己的秘密暴露了，便删除了所有的对话消息。

男人与妻子同床异梦，老想着那个可人的女子，那甜美的过滤过的声音。

男人趁夜起床，跑到卫生间里给女人打去电话，对方却处于关机状态。

女人晚上起床时，翻倒在洗手间里。男人上前时，蓦地发现，女人的肚腹上有一个伤疤，那是典型的阑尾炎手术留下的伤疤。

男人心中一怔，无法自已地掉下眼泪。

女人重新入了院，男人在女人的包里，翻出了一大堆的广告宣传单。泪眼朦胧中，男人仿佛看到女人在小区的门口，自己必经的路上，到处洒着传单。

女人出院时，男人亲自下厨做饭。吃饭时，男人讪讪地说："钱可以买来爱情，但买不来幸福。"

女人眼圈通红，突然间依到男人怀里："我们要个孩子吧。"

男人郑重地点头。

用钱，的确可以买来婚姻，但用钱买来的爱情总是如纸一样薄。还是实实在在的爱情属于你我，让我们在垂暮之年有着相互到老的真情实感。

# 别怪我自私地
# 做了件无私的事

爱他，却无从下手，他很矜持，不肯轻易接受她热情如火的爱。她欲哭无泪，曾经想以轻生的代价逼迫他就范，但一想到这样会伤害对方的尊严，便投了弃权票。

她已经爱了他多年，他是一位公司的高管，虽然步入大龄化了，但依然不肯轻易谈情说爱。她无数次向他表白，可他从前受到过爱的伤害，因此总是拒绝她。

怎么办，等待还是继续出击？她踌躇不定。

那天，她巧遇了他的妹妹。两人闲聊了几句，大有一见如故的感觉。原来，他的妹妹架不住母亲的软硬兼施，不得不答应了一场相亲。而她则是出谋划策的高手，一番深入浅出的分析后，便让他的妹妹臣服了。

两人一起去见那个相亲男子，对方是个条件不错的海归，态度十分骄横。他的妹妹一时语塞，被对方数落得体无完肤。幸好有她在，经过一番唇枪舌剑，最终让对方哑口无言，窘迫到了极点。他的妹妹对她挑大指称赞，从此，两人成了闺蜜。

周末，她与他的妹妹相约去看他的母亲——一个出手阔绰的老太太，丈夫早逝，对儿子的婚事愁肠百结。

他的妹妹让她帮忙排解老太太心中的忧愁，她草草道："让你哥找到喜欢的人，娶了不就是了。"

如此轻描淡写，他的妹妹不置可否，母亲在旁边却喜上眉梢："看来，姑娘早是成竹在胸了。"

不解释，解释多了，便是怀疑，她只是下定了决心：爱他，先要从他的母亲着手。

她开始三天两头地往他家中跑，很快便成了常客。在家中遇到她，他尴尬万分，她则游刃有余，惹得旁边的老太太哈哈大笑，妹妹忍不住骂哥哥："你每天相亲，身边有这么好的姑娘，竟然不好好珍惜？"

他张口结舌，但心中的痛却隐隐传来，他不敢轻易去爱了。

海归与妹妹竟然恋爱了，不是别人的功劳，竟然是她出的主意。他质问她，她则回答："再多的解释也没有用，他们是真心相爱，这就够了。"

果然如此，虽然剑拔弩张，但妹妹依然对那个海归念念不忘，这已经够了，何必纠缠于对与错，能够相爱相守，已是最好的结局了。

老太太喜欢跳广场舞，但跳得不好，总是在别人面前跌份，她利用业余时间学习广场舞，将老太太培训得舞技超群，简直成了众人眼里的焦点人物。不仅如此，一个小她六岁的老头子，竟然与她情投意合，一切均在暗暗地发展。

这样一位可人的人物，怎能叫人不喜欢。于是，母亲苦口婆心，妹妹旁敲侧击，让他把握住机会。而此时，她意外地收到了家中催婚的消息，买了火车票，准备打道回府。

他着急了，此时的他，才恍然发觉，自己已经悄悄爱上了她，一刻也不能离开了。

他与妹妹还有母亲，风风火火地向火车站赶，可惜来晚了一步，列车已经启动，渐渐远去

他痛苦万分，请了假在家里疗伤，却意外地听到了客厅里的声音。

"姐，不，叫你嫂子吧。"是妹妹的声音。

"别瞎说，你哥没答应呢。"

是她，开了个小小的玩笑。

他几乎像一支箭一样射到了她的面前，跪倒在地，算是求婚吧。

一个聪明伶俐的女孩子，用一些伎俩，竟然收获了一辈子的爱情。看来，爱情的确需要一些非同寻常的手段，虽然有暗度陈仓之嫌，但只要得到真真正正的爱情，伤一次大雅又如何？

## 我所做
## 只为换你一份舍得

他一直记得十年前的她，那时的爱情，浪漫且天真，就像小时候玩过的秋千一样荡漾在心海里，他们的爱情从开花到结果只用了一个短暂的花期，但他们的爱却是永恒的。

一切的一切缘于她的内向与木讷，这样的弱点在他们结婚几年后才暴露无遗，就像一个被人摁在水里的气球，一旦离开了那双手的支撑，便露出了颤抖的身体。

他的事业如日中天，却得不到她的任何支持。她只是一个十足的厨娘罢了，可做的饭菜也不敢恭维，每日里重复着单调的质量与咸淡。每逢社交场合，看到一个八面玲珑的女子伴随在一个高大男人的旁边，她便相形见绌，他是无论如何也不敢将她带出门的，害怕她会毁灭了自己的前程与尊严。

有些爱情是禁不住时间检验的。在他的威严面前，她选择了退缩，一纸离婚协议摆在男人面前，她宁愿他再找个体面的女子。

男人犹豫了半年时间，终于还是签了字。不过，他告诉她，他是不会再娶的，他不想让孩子生活在后娘的天空里。

钱给了她大半，她夜晚时分搂着一大堆的钞票做着噩梦，男人再也没有回来过。

就这样，十年时间过去了，男人的事业如火如荼，身边一大帮的80后、90后女孩，许多女孩慕名而来想嫁给他，还有些电视台的人别有用心地请他到电视直播现场，意图制造一场意想不到的爱情。可是，他总是一笑置之。许多人都说他是个不近女色的男人，不食人间烟火。女孩们望而生畏，这样的男人，不嫁也罢。其实，他知道，她们都是想靠近自己的钱财。

事业已经到达巅峰状态的男人，心里也想着结束自己的单身生涯。每逢傍晚时分，他便形影相吊，直至夜半时分方才入睡。

那天上网，无意中发现一个QQ在他的耳边响个不停，他便加了她，那人的网名十分有韵味：为爱改变性格的女人。

他们聊了起来，女人的遭遇引起了他的注意：她是个不爱时尚的女人，平时对丈夫的支持甚少。为此，她选择了退缩，主动退出了这份不属于她的爱情。

他挑起了大拇指，忽然想起了她，觉得对不起她。十年时间，竟然一个电话也没有打过，不知道她过得可好，容颜是否已老？

他们就这样聊了起来，女人十分超前，与他神吹海聊的，从爱情、婚姻到生活，从物价飞涨到房价，说得他五体投地。深夜时分他脑海里仍然是想象中她的样子，挥之不去。

他下定决心去见一下这个富有韵味的女子,既然有了知音,为何让她逃之天天,让自己留下终生遗憾呢?

他提出了见面的要求,或者干脆视频也可以,这是他的心第二次萌动,像黄河泛滥般一发不可收拾。

对方回绝了他,说相见不如怀念,见了面会产生隔阂,就像初恋与婚姻一样的简单,许多人不都是从这条路上走过来的吗?

深夜时分,男人睡不着觉,找到了以前旧房子的电话,打了过去,却是一个空号。他马上翻身下床,寻找旧时的照片。他们结婚时的照片,年轻的他和她,幸福地搂在一起,拍当时只有他们才敢拍的艺术照。如今时光一去不复返,那个肯为她牺牲一切的女子在他的任性下已经不知去向。

再一次聊天时,男人问女人为何起这样的网名?为爱改变性格,人的性格是能够改变的吗?

女人怔了半天,不曾答话,后来说道:"是的,为了自己的爱,我宁愿改变自己的性格。以前的我木讷老实,上不得台面,就像一道普通的豆芽白菜,我通过一番修炼,想使自己华丽转身。"

"你现在的爱还是过去的他吗?"男人觉得不可思议。

"是的,我爱他,我们相恋时就约定了不在同一天生,但愿在同一天死,这种爱是时间改变不了的。"

男人觉得这个誓言好熟悉,当年与她相爱时,他们曾经对天盟誓,绝不背叛对方,可现在的结局竟然是如此残酷。男人觉得对不起女人,事到如今,他仍然感觉到,女人是自己心灵天平不可或缺的砝码。

经过一番软磨硬泡，对方终于同意与他视频聊天了，男人兴奋得睡不着觉，夜晚时分便早早地守候在电脑旁边。

对方的样子青葱可爱，怎么像极了年轻时的她？也许是巧合吧。这样的知音如何能放过。他拼命拉拢她、哄她，真是煞费苦心，对方却突然间问了一句话："这么些年，你一直没有动心，为何今天动了心，你难道忘了以前的她吗？"

这句话像重锤砸到了脚上，男人大哭起来，对方隔着视频向他递纸巾，他突然间发现，自己心里放不下的仍然是她，这个女孩子只是她的替身而已。

终于，他抑制不住自己兵荒马乱的心情，草草地吃了早饭，顾不得擦眼和脸，便冲向自己的旧房子。他本以为，旧房子不知荒凉成什么样子了，哪知道推开了虚掩的门后，他发现房间里却是另一番天地：清新靓丽、典雅别致。一个娉娉婷婷的女孩子，正坐在一台电脑前面玩着游戏，那女孩子是如此的熟悉，他走近了才发现，竟然是视频里的女子，旁边坐着一个女人，庄重大方，正在和女孩子侃侃而谈。她们发现他时，脸上没有吃惊的样子，像招待客人一样请他落座，然后倒水沏茶。

女孩子笑道："十年了，你果然回来了。"

"姐，我可要走了，我的任务已经完成了。"

女人坐在对面的沙发上，男人看傻了眼。十年未见，他的前妻竟然如此美丽大方，像是另外一个女人。

"燕子，感谢你这么长时间的帮助，回头我一定请客。"女人对女孩子真诚地道谢。

"不用谢我，能够拯救一段姻缘，是我的荣幸。"女孩子挥挥手消失在走廊里。

看着这一幕，男人惊呆了。

女人一点也不害羞，开门见山地解释道："不要好奇，我还是我，只是性格变了，为了我的爱情，燕子是我请来与你视频的客人。"

男人不知道如何回答，半天不语。

女人继续说："这些年，我没有闲着，我一直在寻找我的缺点，我要改正它们。我去韩国做了美容，我去普通话训练班练习标准的发声，我去找人聊天改变自己的内向性格。你要知道，这里面有多么辛苦，但是我都做到了。

"我现在不仅仅是一个厨娘，还是一个雕塑家。我学了雕塑，目的只是想将初恋时的那个城堡给雕塑出来。现在，我基本上做到了。"

女人礼节性地摆摆手，示意男人与他一块儿走，到达里屋后，男人竟然发现，原来隔开的里屋已经被打通了，旧物不知道去了何方，眼前是一座雕成的城堡，清新可爱，栩栩如生，仔细一看，与他们相恋时的小街一模一样。

女人解释着："当年，我与他就是在这个理发店认识的。当时，他没有钱，我替他付的账，从此我跌入了爱河里。他看中老实的我，而我则与他一同走遍了这条街的所有地方，包括后面的垃圾场，都留下我们爱情的味道。"

男人的鼻子一酸，眼泪本能地掉了下来。

"走吧，我与你一块儿去见些朋友。"女人说完，男人像条小鱼一样跟随在女人后面。

社交场合上，女人巧舌如簧，来的客户是来谈雕塑生意的，原来女人已经成立了一家雕塑公司。男人坐在角落里，怔怔地看着这一切。

忽然，女人走到男人身边，挽起他，向在场的客户介绍说："这是我的老公，事业做得比我大，是一个企业家，只是低调惯了。"

客户们过来与他礼节性地拥抱，男人受宠若惊，但马上恢复了社交场合的常态，他和她，俨然成了整个酒会的主角。在他的帮助下，她的订单顺利地签了下来。

酒会结束时，女人对男人说："有个女人为了自己爱情，什么都可以改变，只是不知道能否收回当初的爱情？"

男人回到家里时，有一种从未有过的感动。他没有想到，她为了他竟然修炼了整整十年，而目标只有一个，就是赢回当初的爱情。

第二天傍晚，有人送花到女人家里，女人打开来，是一大捧火红的玫瑰，其间夹着一张纸条，上面这样写着：十年前的老地方见。落款是：一个为爱改变性格的男人。

感情上的失意，不是不在乎，而是在乎不起，因为你最怕失去的不应是已经拥有的东西，而是梦想。爱情如果只是一个过程，那么经历就是你在这个过程中所得到的，爱了就要承担一切后果，好与坏、成与败、得与失全都属于你。不要害怕失去，害怕失去的人，往往更容易失去。

# 别让温情
# 被生活绑架

男人与女人准备离婚，日子过不下去了，生活如一潭死水，毫无生机。

离婚是女人提出来的，女人渴望缠绵悱恻的浪漫，可是，男人却不懂。

老实巴交的男人，跟在女人的后面去民政局。男人一肚子苦水，他努力挣钱，惨淡经营，还是换不来巨额的资产，他能给她的，只不过是捉襟见肘的生活，而这一切，完全将七年的婚姻缠绵抛至九霄云外。

半路上，一辆电视台的采访车拦住了他们，一男一女两个主持人，从车上飞快地跑下来。男主持人问男人："我们是市电视台《世间男女》栏目组的，现在想请你们去拍摄一组节目。"

女人也接到了女主持人同样的邀请，女人看向男人，这种事情，她通常不知道如何决定。

男人正好找到了时机，马上答应下来，女人却迟疑着，她紧紧地握着离婚协议书，手心里的汗涔涔地流。

女人还是跟在男人的后面上了车。男人在车上问今天录制的节目内容，女主持人说："我们要做一个模范夫妻访谈，我看你们极有夫妻相，所以一直跟踪你们，讲你们之间的故事，越大众越好，今天缺男女主角，冒昧了。"

主持人叮嘱他们好好回顾一下甜蜜的事情，一会儿说出来听。男人兴奋地想着，不时地回头与女人商量着。

女人想不能在众人面前出丑，便小心翼翼地想着、回答着。

节目组现场，男人女人被请上台，偌大的舞台下面，请来的三百多名观众爆发出雷鸣般的掌声。女人头一次上这样的节目，不知道如何收放手脚，男人倒是优雅得很，他不停地拽着女人的手，耳语给她，该如何做等。

女人只知道男人在一家企业打工，工资不算太高，女人很少关注男人在外面的生活。但男人的举止得体，得到了主持人的夸奖与观众的掌声，女人有些羡慕，觉得脸上也有光。

男人开始讲故事，讲女人对自己的好：刚结婚的时候，家里穷，女人省吃俭用，让男人吃好，让孩子吃好，因为她说男人是家里的靠山。有一个冬天下雪，男人从市里徒步回家，冻坏了脚，女人与一帮邻居们找到男人后，她马上解开衣服，将男人冻伤的脚塞进自己的怀中。

听着男人的讲述，女人的眼中有泪水划过，主持人掩面而泣，观众们以掌声配合。

女人开始讲了，开始时有些语无伦次，她好想将自己与男人离婚的事情讲出来，但是女人却没有，女人顾大局，识大体，知道家丑不可外扬。

女人紧接着男人的话题讲：男人冻坏了脚，怀中却装着女人的药品，而那种急用药，只有市里有，男人如果不到市里去，也不会误了最后一趟回家的公交。他不懂浪漫，不会讲体贴人的话，但只要与女人有关的事情，他总是跑在前面。

女人的心绪如潮，将往事一股脑地拉开来讲，从恋爱时讲到结婚，直至生下孩子落下满身的病，男人为了一种药草，爬山去采，却跌伤了腿。

节目十分成功，主持人欢送男人和女人。

女人与男人回家，他们绕过了民政局的大楼，那儿，挤满了不欢而散的各色男女。

女人从内心深处感谢这个节目，因为一念之差，她差点铸成大错。离婚缘于冲动，缘于欲望太高。儿子晚上回家时，女人煮了排骨汤给儿子，儿子幸福地高声叫着"妈妈真好"。

女人其实不知，这一切都是男人的巧妙安排，不懂浪漫的男人知道自己的感情出现危机后，找到了电视台，请求他们无论如何也要帮这个忙，挽回自己的爱情。主持人感动于斯，与男人精心策划了街头相遇的镜头。

男人会一辈子守住这个秘密。

其实天下所有的男女们，婚姻出现问题，都是因为缺少沟通，时间久了便生分了。而一次采访节目，让女人重新想到了柴米油盐，想到了往事，想到了初恋，这些元素，是驱散冲动的最佳药方。

# 我愿意
## 每天多爱你一点

"如果下周再面试失败，我就一死了之。"女人丧气地在厨房里暗骂着。

女人的工作出现了挫折，每天不得不奔波于人才市场。

客厅里，女人的丈夫正在伏案疾书。他是个蹩脚的二流作家，这年头，文字值不了几个钱。女人当初嫁给他，就是因为她喜欢文学的高雅。她想拥有一份文秘工作，但她的文字功底不好，因此连续寻找了一周时间，都没有成功。

下周是女人挑选的最后一家公司了，这家公司离孩子的学校近，方便下班时接送孩子。

她接连准备了几天，将丈夫出版的书籍拿出来念，还努力地翻寻《新华字典》，纠正前几次自己应聘时写错的字。

幸运的是，周一上午，她面试成功，薪水也谈得十分满意。她欢呼雀跃，晚上回家时，准备了几个小菜，让孩子与老公也跟着她一块高兴。

男人不是专业作家，他白天上班，利用午休时间写作投稿，晚上回家后还要写上两三个小时。特别是最近，他更忙。女人看在眼里，觉得自己有工作了，可以为丈夫分忧了，真好。

女人的工作顺风顺水，一转眼便是一个春秋。

有一次，在公司的酒会上，女人遇到了一个风华正茂的男人，细打听，才知道他是某知名大学的研究生，在公司的分公司担任经理。自打遇到这个男人后，女人的爱情观与人生观在一夜之间发生了质变，她不折不扣地爱上了这个男人。

半年以后，女人与"研究生"的关系水到渠成。对方答应她，只要她跟丈夫离婚，他就会给她的孩子一笔可观的抚养费，她感动得热泪盈眶。

女人快要离婚的消息不胫而走，她在寻找合适的时机向男人坦白。在此期间，男人依然疲于奔命，不分白天黑夜地忙碌着。

必须尽快结束这种没有生气的生活，女人下定了决心。

某天加班，上司单独找她谈话。上司说："你真是好福气呀，遇到这样一个善解人意的老公。"

她听得云里雾里，不明白上司的意思。上司从抽屉里拿出一大堆的文件，她接过来，熟悉的笔迹蓦然惊得她一头冷汗。

是丈夫的笔迹，却全是公司的文件。

上司说："你来公司应聘前，你的丈夫连续找了我三次，要求我录用你。当然，我起初不同意，他执着地劝说我，给我讲了你们的故事。最后，他说每天可以免费加两个小时的班为我们公司做文件，我才录用了你。这一年多时间以来，他每天都在加班，并且每次都圆满地完成了任务。他的业绩引起了高层的注意，老总已经同意他在我们公司兼职，而且开出的条件十分优越。"

女人怔了一下，泪水无声地滑落，在地上摔成一片片晶莹。

女人婉拒了"研究生"的无尽纠缠。

只是一刹那的感动，她完成了一次心灵的旅行与回归。

此后，每当丈夫伏案疾书时，她都会为她沏一壶茶，或者为他做一份精美的夜宵。

男人没有告诉女人那个秘密，在他看来，这是爱的职责。

男人也不知晓：男人每天两个小时的额外工作，挽留了女人的心。

女人也会一辈子守住这个秘密。

# 经营好自己，
# 给对方优质的爱

女人的生活不咸不淡。男人在外面奔波，女人成了全职太太，说是全职，其实就是消闲罢了。女人整天泡在网上聊天，与一帮无所事事的网友胡吹乱侃，游戏人生。

由于身体问题，女人没能给男人生育孩子，这成了她的遗憾，同时也加重了她的忧郁。男人长期不在家中，连个说话的人都没有，女人感觉空落落的，手腕疼痛、胸口堵塞，一系列病症突袭而来。

女人没有告诉男人，她与男人已经有了距离感。他们也曾有过花前月下，但时光冲淡了曾经的美好与激情。

女人现在也懒得理男人，索性破罐子破摔，任凭自己的病症加重——活在人世间也是一种纠缠，不如草草了却也好。

女人照例泡了方便面吃，电脑的小窗口上面，有无数名闲来无事者拼命地叫嚣着，他们倾诉着自己苦闷的心事。女人一手托了方便面，一手打着字：萧条是生活的代言人。

手机响起，是女人的闺蜜打来的。按下接听键，立马听到闺蜜气急败坏地叫嚣着："不得了啦，不得了啦！"

女人笑她："你怎么回事？加班加出神经质了？"

闺蜜顿了顿心神，镇定地说："在我们的商场，我看到你的老公，他与一个神秘的女孩子在一起，你个傻瓜，整天待在家里，居然不知道'马无夜草不肥'这个道理。"

女人怔了一下，感觉像有人在自己的心中倒了一瓶醋，迅速酸遍了全身。

女人说："我不在乎，我没有生育能力，人家找新欢我也没有办法。"

闺蜜骂她："你傻呀，他是你的，你们青梅竹马，你要争回来，不然，人家还以为你弱智呢。"

半年多时间了，女人头一次出家门，女人平常连买菜也是在网上，如果不是男人的事情，她不知道自己何时能看到万里晴空。

太阳很大，刺眼得很。女人心中郁闷，心病加上生理上的疾病，她感觉透不过气来，没有走几步，便扶住墙喘息。

闺蜜神秘地描述那个女孩："二十三四岁吧。男人有钱了就容易学坏，你一直待在家中，也不管管他，那女孩可是你的最佳竞争对手。"

女人没有施妆，也不会化妆，她一向不拘小节，男人在家时也是如此。有一次，男人出去参加宴会，带她过去，她收拾得像个妖精一样，男人失望至极。女人不会化妆，等于失去了最基本的生存本领。

女人问闺蜜："此事如何处理？难不成抓他个现形，或者与他理论，不成便离婚？"

　　闺蜜笑她："你太傻了，那是过时的招数了。男人为什么会背叛你？是因为你容颜不在。你瞧瞧你，整天待在家里，憋坏了，还落了一身的病，也不注意运动。你这个样子，你老公哪能兴奋起来？"

　　女人第一次在镜子里看自己，衰老的容貌，病态明显。女人听从了闺蜜的安排，先去医院检查自己的身体，病历单上写得非常清楚：气虚、贫血、典型的鼠标手。

　　女人蓦地想起了一周前男人回来劝告她的话："别总待在家里上网，不如找个工作。"男人又劝她多去外面锻炼，不然会落下一系列的病。她认为男人就是嫌弃自己不会挣钱，便与他大声争吵，男人摔了门，留给她无尽的怅惘。

　　果然如此，自己真的有病了。女人又想起十年来的爱情艰辛：女人是强者，在家里说一不二，男人通常迎合她的想法。她当时风华正茂，不想要孩子，背着他去医院里做了人流，男人气地摔了茶杯，她落下了病根，后面再想要孩子时，来不及了。

　　想到这里，女人觉得任性真是一种要命的行为。

　　男人其实十分惯着女人，这十年来，男人万事由着她，但现在，男人终于按捺不住了。

　　女人为自己制订了美容计划，一边康复，一边锻炼，医生叮嘱她远离电脑。这是她听到的最正规严厉的告诫，男人以前也如此说过她，可她认为男人是无理取闹。

　　从这之后，女人频频出没于公园、商场，她将家重新进行了整合，收拾得一尘不染,利落雅致。其实,女人有美的天分。

三个月后,女人容光焕发地站在男人面前,男人大跌眼镜地看着她。女人在男人的公司员工面前,正式与男人挽起手,这是从未有过的庄重。夜晚时分,女人还出现在男人公司的舞会上。虽然是临时抱佛脚学的舞蹈,但她舞姿优美,赢得了大家的喝彩。

闺蜜曾多次发来一些短信,证明男人与多个女孩子出没于多个场合,这些都是谈判的资本。

结婚11周年马上到来,女人进行了精心的策划,女人邀请了闺蜜参加,男人兴冲冲地坐在对面。

女人摊了牌,将所有的证据罗列出来,让男人给自己的一个说法。

男人笑得前仰后合的,闺蜜也笑得眼泪直流,只有女人被蒙在鼓里。

原来,这是男人与闺蜜精心策划的骗局。男人早前多次劝女人出门走动走动,那样有益于她的身心健康,可是女人总是不听劝。于是,男人就想到了虚构情人的这个办法,也许只有以这样的方式才可以将女人从家中骗出来,让她从此注意自己的健康。男人是主谋,闺蜜则是男人请来的帮凶。

闺蜜意味深长地说:"你太任性了,他的话你一点儿也不听,这也算是个最好的办法了,也许只有感情的事情,你才会当真,这下好了,我的使命完成了。"

女人抹去眼泪,一边追打男人,一边数落闺蜜,却早已幸福得稀里哗啦!

　　虚构一场爱事，的确需要不凡的勇气，而虚构一次出墙，需要多么大的智慧与计谋：过了，就会不可收拾；不够味道，便会起不到作用。聪明的男人，用一种执着的方法，编织了一场经典的故事。

# 我最大的秘密，
# 是一直爱你

　　他是个软弱可欺的男人，至少在她的眼里如此。恋爱时有深情掩盖着，尚看不清楚，步入婚姻的殿堂后，她才知道，他有一身的病患，根本擎不起家庭的诸多风雨。

　　一般情况下，争吵都是女人挑起来的，女人好强，像个管家婆一样，总在为琐事繁忙，家长里短，人间烟火，女人有说不完的话题，占不完的上风。男人不管占理不占理，通常都采用置之不理的法子，任由她将性子放大。

　　很多男人在与妻子吵架后，总喜欢摔门而去。爱情的问题不过如此，有时候拉开一段距离才是最佳的解决办法。而他则与众不同，一吵架便捂着胸口，现出一副痛苦难忍的样子。

　　他体质差，从小缺乏系统性的锻炼，吵架时气血两衰、头晕目眩也就司空见惯了。她只好暂时收了性子，遇到不快的事情时，只有偷偷地抹眼睛，不敢让他看到，不敢在他的面前发作。

女人在一家私企上班，办公室恋情流行，她也概莫能外。曾经有一段时间，她发疯似的迷恋上了男上司，一个纯爷们，走路虎虎生风，作风硬朗，体质健康。她认为男上司正是她爱情中的缺失项，便有意无意地寻找机会加班，靠近他。

哪个女人没有这样那样的激情再现，但千万别当真。将一个人当成偶像，是一件多么痛快淋漓的事情，但以红杏出墙为代价去苦苦地追求一个人，则是愚蠢的行为。

女人将心事在网上似苦药般倒了出来，与闺蜜聊天，跟网友分享，问他们如何处理。许多人劝她，索性离了吧，选择适合自己的，自己喜欢的。

正当她蠢蠢欲动时，他却突然病了，动静挺大的那种，以前从未有过的虚弱，满头冷汗。孩子依偎着他，以泪洗面，她心软了，暂且收回了躁动的心，陪他去医院接受治疗。

病好后，她为他制定了一套身体锻炼计划，劝他不要总待在屋子里，多去外面享受明媚的阳光。

男人感激涕零，女人却感觉自己好自私。男人不知，女人这样做，是想甩掉包袱罢了。等他的病彻底康复后，她就会离开他和孩子远走高飞，将储蓄已久的幸福统统表白出来，让风知道，雨知道，尤其是让她的上司知道，因为她的上司正在酝酿离婚，而她的上司对她极有好感，他们的结合一定会是跨世纪的，旷日持久的，千载难逢的。

男人认真地接受了女人的建议，与病弱的孩子一起加入了特训班，强有力的那种。每天下班后，男人就带着孩子跑进训练班里，一大一小两个男人，幸福得不得了。女人一个人照例待在公司里加班，其实，是为了等待上司的出现，为了与上司磨合出一段千古深情。

男人的身体在半年后了得到了质的康复，体重增加了二十余斤，药停了，饭量增加了，儿子的身体也虎虎有生气。

她继续在网上倾诉自己的感受，按捺不住了，一切均已恢复正常，上司那边也有意无意中吐露了内心的渴望。她终于起草好了一份离婚协议书，准备于第二天掷于他的面前，撕破婚姻后期的最后一张假面。

莫名其妙的事情又发生了，他居然高血压，于晚上下班的路上晕倒。时机如此之准，难道是上天对她可怕想法的惩罚？无论如何，毕竟是自己的男人，她马不停蹄地赶到医院后，男人早已经度过了危险期。她躲在医院的卫生间，无语泪先流。

时间的潮水汹涌而过，她的念头持续了二十余年时间，却始终没能兑现，说到头，她是个认真负责任的女人，如果自己仓促离开，他们父子如何度过凄凉的下半生？因此，她毫不犹豫地拒绝了上司的无理取闹。而终于有一天她看镜子中的自己时，才发现苍老不知不觉间爬上了额头，时也命也，那些缠绕无尽的幻想，终将随年华的逝去而消失殆尽，这便是一个女人的半生缘。

整理电脑，一个文件夹却突然间暴露在眼前，是男人的文件夹，里面竟然有一百多个文件。从结婚的时候起，这个内向羞涩的男人，便坚持每天写日记，里面尽是些对爱的感悟与对婚姻的理解。他悟性高，对爱的理解十分透彻，是个世间绝好的男人，虽然人单力薄，但绝对不会背着她做出些暗度陈仓的事情来。这也是一种幸福，可女人们通常需要用半辈子时光才可以悟出。

她花了大半个晚上的时间重温这些爱的经典，却发现了男人的一个小伎俩：男人时刻关注着她的动向，一旦她有风吹草动的迹象时，他便预约生病，与他同在医院的同学一道，将她的思想拉回到现实里。

她有一种受了愚弄的沧桑感，甚至有些恼怒，但在一篇文章的最后，他这样写道：总有一天，她会知道我的秘密，她会怪罪于我，说我不像男人，但这也是一个男人的爱的秘密吧，不管用什么办法，能够让她留下来与我厮守，就是一种成功。

这是一个男人的另类誓言，她收了恼火，只留下满满的幸福。

有些计策不甚高明，但却同样闪现着爱的光辉，因为这是一个男人对女人的痴心不改，一个男人对一份爱情的铮铮誓言，能够将一份爱装腔作势般地延续二十年，不显山不露水，你除了感动外，别无他法。所以说，我们仍要相信，这世上有海阔天空般壮丽的谎言。

# 我愿重温来时
# 有你的路

　　他是个出租车司机，终日风里来雨里去，奔跑着自己的简单人生。由于市区内交通经常堵塞，且客流量竞争较大，他转而去郊区的机场迎接客人。渐渐地，他找到了一条适合自己的运行道路，虽然辛苦些，但他觉得其乐无穷。

　　唯一不幸的是，十年前，他和妻子离异，妻子独自一人去了美国。现在想来，感情不和是导致离婚的最主要因素。他脾气暴躁，经常莫名其妙地发脾气。时间久了，她无法适应这种生活，开始疏远他。当有一天，离婚协议书真的摆在他们面前时，他二话不说便签了字，就像春天离开了冬天一样的决绝与无情。他们甚至没有吃散伙饭，便天各一方，从此互不往来。

　　随着年岁的增长，他越发孤单起来。十年内，他也曾尝试着寻找自己的另一半，可许多女人认为，他是个疼不起的男人。

　　他的内心深处，一直留着前妻的影子。他每日里辗转机场，还有另外一层原因，就是希望老天能够赐予他一次机会，让他能够再遇见前妻。

那一日凌晨，他在出租车里打盹，忽然听到有人敲车窗的玻璃。他瞥了一眼，是个戴着墨镜、身材娉婷的女人。

他还没睡醒，浑浑噩噩中觉得女人的身影有些熟悉，可就是想不起来是谁。

"能载我到市区吗？"女人说。

直到女人问他话，他听到那十年前不知听了多少次的声音，才如梦初醒：是前妻。

隔着后视镜，他看到了前妻若无其事地摆弄着手机，一脸的落寞。

他猜想着，她应该刚刚从大洋彼岸过来，难道遇到了什么麻烦吗？他忽然有了一种想知道她当前处境的冲动，但还是忍住没问。

他像询问寻常乘客一样，问："说一下具体的目的地吧？"

女人怔了一下，感觉这声音十分亲切。她回答："去市第一人民医院。"

他心中一颤：去医院，难道她得了什么病？美国医药费出奇地高，回国是为了瞧病吗？

他疑惑间，脚下的马力却加大起来。

他想冒昧问一句下文时，却听见女人打电话的声音："爸怎么样了？我马上就到，对，刚从芝加哥回来，没关系，不累，爸叫我的名字没有？没有吗，不会的。"

女人的眼睛湿润起来，男人的心也动了一下。原来是老爷子病了，他忽然间觉得自己根本就不是一个负责任的男人。她的老父亲一直在本市，十年前他们离异后，他竟然一次也没有去看过他老人家。虽然爱情不在了，但残留的亲情关系仍存，他觉得自己太可恨了。

女人继续说："我在那边不太好，一直没有结婚呀，这你是知道的，外国佬我不喜欢。当初，我是为了气他而走的。也许吧，我想给他一个休整改变的时间，他找了女人没有？没有呀，他那人呀，不好找，根本上就是不懂风情的男人。喔，爸稳定了是吧，这就好。怎么，爸还提他的名字了，他竟然一次也没有去看过爸？不怪他，我们离婚了，一点关系都没了，再说了，当初爸对他有意见，他害怕爸。"

男人静静地听着，任凭车轮不停地碾向远方。

"我今天晚上九点还得回美国。对，那边生意太忙了，下个礼拜这个时候再回来，钱不是问题，爸是主要的，签证早办好了。"

市医院到了，女人扔了钱在车上，头也不回地走开了，她的身影消失在医院的长廊里，时间恰好是早上六点钟。

今天晚上九点钟，她还要回去。男人一个白天都睡不着觉，习惯了上夜班的他，本来白天需要好好休息，可与她的重逢，冲撞了他的心灵。

煞有介事地，晚上七点时，他开车到达医院门口。八点左右，女人出来了，到处找车的样子，看到有出租车停在门口，开了车门便进去了。

在车里，他头也不回，只是默默地专心开着车。

女人在车上继续打电话，可能是给美国的朋友打的，用英语，男人的英语不错，能够听得出来里面的内容。

女人说："我爸没事，对，马上回去，生意替我看着点啊。什么？碰

到他了没有？哪会那么巧呀，没碰到，出租车司机多了。是，他也是个开
出租车的。别，别，这些年他的行踪我可是一清二楚的，听说没有找呢，
看机缘吧。我呀，下周三的凌晨还回来，对，时间差不多。"

机场到了，女人下了车，忘了给钱，敲了敲车窗，将钱塞进车窗缝隙
里，头也没回。

这之后的一周内，男人每天都在苦等前妻再度出现。其间，他打开了
他们结婚时的相册，重温温暖的旧梦，在相册的最后一页，竟然发现一个
电话号码，是她临走时留下来的，自己竟然忘记了这个号码。

十年时间，这个电话应该早作废了，但他还是满怀希望地尝试着拨打
了电话。

越洋电话转接的声音，对方接通了电话，是前妻。

男人没有说话，认真地听着里面的声音："谁呀，中国的朋友吗？我
刚刚到芝加哥，下周回去，没事挂了啊。"

男人所有的感情如洪水般涌来，他哭得一塌糊涂，像个受了委屈的孩
子，其间再也没有出过车，躲在家里回想旧事。

还是那个时间，前妻出了机场候车大厅，他摁响了喇叭，前妻看到了
他的车牌号码，走了过来。有好几个出租车司机抢客，扯着前妻的胳膊。
他下了车，将墨镜戴严实，抡圆了胳膊向那几个出租车司机打去，三下五
除二，他将前妻抢过来，带上了自己的车。

医院门口，前妻下了车，径直走进医院里。

这样的故事经历了一个月时间，男人突然有了一种想去医院看看老人

的冲动。

那是个周日，他买了一大堆水果，去问询处问老人的名字，对方查了半天，却说没有。

他大跌眼镜，不会吧，这怎么可能？

旁边一个值夜班的大姐，他上前询问："有一个女人每周三凌晨过来看视自己的父亲，那时候人少，您一定知道。"

"对，我记起来了，她第一次来时，问自己的父亲住在哪儿，就是你提的名字，我帮忙查找，却没有。后来她打了电话才知道，是二院，不是一院，她搞错了。可奇怪的是，连续几个周三凌晨，她还是这个时候过来，下了出租车后，在大厅里坐上一小会儿，然后出去，又上了一辆保时捷。"

他怔住了，觉得云里雾里，后来想明白了，她是为了给他留一个恰当的时间与地点罢了，她不想破坏这种宁静与祥和，好傻的女人呀。

男人再次去机场时，提前了一个小时。他径直走进接机大厅里，查询着航班信息。蓦地，他发现一个女人的身影，她坐在旁边的椅子上面，睡着了。

男人的眼泪肆意横流，她根本就没有再回美国，所有的一切，不过是美丽的谎言罢了，她每周三早晨从宾馆来到大厅里，只不过为了给他一个接她的理由。

男人走上前去，将自己的衣服脱了下来，盖在她的身上，然后回到出租车里。

六点时，女人准时走了出来，手里提着男人的衣服，疯狂地搜寻着。当找不到男人的出租车时，她歇斯底里地狂叫着，在车流与人流中间大叫着他的名字。

十年的时间，换得了一场感天动地的重逢，从此爱的故事重新拉开帷幕，爱就如江河湖海，一发不可收拾地奔流不息。

第一次回来时，她就发现了他，感动与无奈交加着，他们彼此心里一直念着对方。女人回来，的确是为了看自己病弱的父亲，可第一次走错了医院，从此，她为自己的爱情编织了一个规律性的理由。电话里的事情，只是她的爱情渲染罢了，可男人抓住了这难得的天时、地利与人和，找回了自己十年前丢弃的爱情。

既然上天让爱情重逢，男人的选择只有一个：奋不顾身抓牢她。

生活中处处有重逢，能够将重逢化整为零，重新计算幸福的人，却寥若晨星，但愿我们每个人都是能够计算爱情的人。

## 若能挽救，
## 用点计谋也无妨

男人回家时，女人正翻箱倒柜地找东西。

男人问女人："找什么呢？"

女人一副爱理不理的样子，没有吭声。

他们的爱情出现了波折，不再有当初的风花雪月与浪漫缠绵，有的只是日复一日，年复一年的争吵，吵得女儿索性住进学校不回家。男人一直想挽救这段婚姻，但女人不乐意，用女人的话讲：到头了，该分开了。

女人在找结婚证，因为想要结束婚姻关系，没这个红本本，法律上通不过，他们便不能劳燕分飞。男人说："甭找了，早就丢了，十年前搬家时，连同结婚照一块儿丢了。"

女人一怔，但她不死心，仍然继续着这个单调却又执着的过程。

结婚证还是没有找着，但她依然没有打消离婚的念头，她回头告诉男人："明早八点去民政局，协议离婚。"

第二天一早，他们准时来到民政局，但那里的同志说，没有结婚证不准离婚。女人解释道:"不是有事实婚姻吗?我们都结婚十四年了。"

"十四年了,不容易,你们再考虑下。"民政局的同志不死心地劝他们。

"还有其他办法吗?"女人问。

"找人证明也可以,当年的证婚人,伴娘伴郎。"

女人开始寻找当年撮合他们的李阿姨,好不容易找到了她的家,看到的却是墙上苍老的照片。原来李阿姨去年去世了,她的爱人接待了他们。他头发花白,见到他们后,露出了久违的笑:"我老伴儿临走时还说,给你俩当证婚人是她的荣幸,说你们是好伴侣。"

女人接着去找伴娘伴郎,伴郎早已经杳无音讯,不知去了何方。伴娘是男人的前女友,听到他们俩要离婚的消息后,大大摇头:"你们呀,太傻了,守着幸福找幸福。我刚离的婚,现在后悔也晚了,那个他又重新找了一个。这世上真的没有后悔药买呀。"伴娘说什么也不愿意给他们证明离婚,将手机关掉了。

女人与男人继续冷战着。过了几天,男人试探着对女人说:"婚离不成就继续一起过呗,我依然爱你。"

这是男人第一次说这么直接的情话,听得女人眼睛汪汪的,回过头挽起他的胳膊。

女人其实不知,结婚证根本就没丢,是男人故意藏了起来,是他在她心如死灰的离婚道路上制造了重重障碍。

所有的这些,他一辈子都不会告诉她。

在最关键的时刻，如果双方都不理智，那么爱的长城恐怕会被摧毁。如果一方退缩，另一方也无需固执，赌气不是爱的选择题。恰当的时候，一些小伎俩，反而可以成为幸福的催化剂。这便是真爱、会爱和敢爱。

## 阻你的路，
## 只是想把你留下来

他们的爱情到了崩溃的边缘，她先提出的离婚，这么多年的忍让和包容，对她是一种折磨。他们太熟悉彼此了，再多的语言也无法挽回濒临破灭的婚姻。

他已经知道了自己的过错，大男子主义盛行，偶尔还会有些阴阳怪气的官腔，谁让他以前在公司里是人见人爱的主管，谁让他长得玉树临风、胜若潘安。

但他一直深爱着她，毕竟是十来年携手走过来的，不看僧面看佛面，孩子是最好的媒介了。

但她决绝得要命："孩子我要了，当娘的永远比当爹的了解自己的孩子。"

双方僵持着，离婚协议书，已经是第三次摆到了桌面上，前两次，男人均以优雅大度安全化解了，这一次，爱已是强弩之末。

突然间，手机响了起来，是物业打过来的："你家的车丢了，莫名其妙地消失了。"

　　女人的心咯噔一下，这辆车是他们婚姻的见证，也是他们经年累月努力的结果。在这辆车上，他们的爱情由无到有：正是这辆车，载着她去的医院，让孩子安然出生。这辆车，是她的命，她与他协议离婚，她可以啥都不要，唯独孩子与这辆车，她自私地留了下来。

　　第一意识是报警，但男人却拦住了她，让她坐在家里等消息，自己则忙不迭地跑下楼。

　　男人一直在忙活，调看录像，却发现附近的视频不知何时已经坏掉了，打了相关电话，仍不知所踪。

　　傍晚前夕，竟然接到了一个无名电话，对方说知道车在哪儿，但前提是不准报警。

　　女人站了起来，收拾了行装，准备前去赴约，不是鱼死就是网破。

　　男人与女人一起出了家门，两人挤在一辆出租车上，女人额头满是汗水，男人则不停地催促着司机。

　　到了目的地，竟然是荒郊野外，车停在那儿，完好无缺，盗车贼却不知去向。

　　幸亏有钥匙，男人与女人上了车，准备回家。半路上，车竟然抛了锚，车到底还是存在问题。

　　两个人在车上待了一宿，开始时谁也不说话，直到男人将女人的头挪了过来，搂住了她，女人轻微反抗着，最终才服服帖帖地睡去。

　　这婚到底还是没有离成，车无缘无故地丢失，又失而复得，这段插曲，成了他们婚姻的转折点。

男人是彻底悔悟了，痛改前非。

女人也觉得自己有些决绝了，对男人的指指点点也换成了温柔似水。

这样一段面临危机的婚姻，竟然因为一次事故而转危为安。

又过了十年时间，女儿长大了，要出嫁，他们忙得不亦乐乎，张罗了好些天，等女儿走了，她心里十分空落，他则守着她，为她讲过去的故事。

他说，有一次，女人要求与男人离婚，男人竟然拔了女人自行车的气门芯，女人无奈之下，不得不给男人打了电话求助；还有一次，女人回了娘家，对男人不理不睬，男人竟然找到了女人的老同学帮忙，邀请她参加当晚他准备的宴会；又有一次，女人心爱的车丢了，却是男人朋友开走的。

她听着听着，突然间用拳头砸向了他。

略施爱情小伎俩，无伤大雅，却是一种福气，一种超然，一种驾驭生活的强强联合。

# PART 6

总有一天你会明白，
离别也是爱

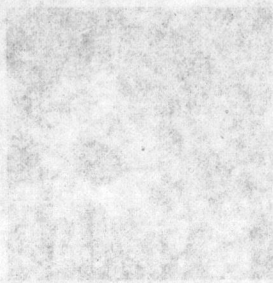

# 谢谢你，
# 为我设计了一场欢喜

天阴沉沉的，鹅毛大雪飘飘洒洒。

简陋的屋子里，女人剧烈地咳嗽着。男人慌里慌张地打开储药柜，一阵翻找后，终于找到了治疗咳嗽的药，但他仍然感到有些遗憾：女人平日里吃的那种特效药，由于他的疏忽，已无库存。

女人平日里身体不好，是小时候落下的病根，一遇到阴冷的天气便会咳嗽不止。他们的生活捉襟见肘，买不起空调，男人经常为此"一声叹息"。

男人扶女人起来，给她端水喂药。十来分钟后，药力可能起了作用，女人安稳了许多。她招呼男人："将我的公文包拿来，明天一早我还得出差。"

男人答应了一声，嘴里说："天太冷了，你又病着，请个假吧。"

女人苦笑："那怎么行，这趟差是非去不可，我已经答应客户了。没事的，放心吧，我这是老毛病了，心里有底。"

男人遗憾地低下头，忽然间猛捶自己一下："都怪我，那种药家里没了，我早该想到今天会下雪的，白天没去买，要不我马上去买吧。"

女人阻止了他："外面大雪纷纷，卖这种药的地方至少得在十公里以外。别去了，睡吧，说不定我出差的城市就有卖的，没事的。"

女人在男人的怀里睡着了，男人却睡不着，心里一直骂着自己无能，对老婆关心不够。就这么内疚的时候，他忽然眉头一皱，计上心来。

他悄悄地起了身，将沙发上放着的一床被子叠成一个条状，然后放在女人身旁，女人动了动身，搂着被子睡着了。

男人出门时，已经是子夜时分，外面纷纷扬扬的大雪弥漫着空无一人的街道。他的目的地是十公里外的一家药店，只有那里，才会通宵营业。

十多公里的路程，本来不算很长，但路面积雪已深，非常难走，男人几次摔倒在地上。

往返五个小时，男人迈着蹒跚的脚步回到了家里，怀里揣着几盒那种特效药。女人正熟睡着，睡梦中说着吃语，偶尔会有几声咳嗽打破这黎明的宁静。

男人从抽屉里轻轻掏出一张特快专递单来，他在上面胡乱写了些什么，然后将那几盒药塞进特快专递包装箱里。

眼看天就要亮了，男人没心思补觉，开始为女人做饭。

早晨7点钟，男人假装有人找他似的开门对着雪花说了一通话，随后手里拿着那份特快专递跑了进来，像个孩子似的大声呼喊着："亲爱的，起床了，有救了，药来了。"

女人早就醒了，只是觉得喉咙痒得厉害，赖在床上没起来，听到男人吆喝，她抬头看见一脸兴奋的他。

男人继续说："我差点忘了，我托喜顺给你带药了，今天早上刚到的，用的特快专递，看，够你吃一阵子了。"

女人也兴奋不已，迅速地起床、吃药，然后男人徒步送她到三公里外的火车站。

男人在寒风中挥舞着手，女人的眼角淌满了晶莹的泪水。

男人回来时却丢了昨晚买药的发票，他嘴里喃喃自语着："丢哪儿了？老糊涂了。"

男人于三天后收到了一份特快专递，是女人从另一个城市邮来的，里面有一条裹着温暖的围巾，女人在信里写道：有了这条围巾，相信你僵硬的脖子不会再害怕这个寒冬。

随信跌落的，是一张雪白的发票，时间是四天前的那个深夜，内容是那种特效药。

爱的特快专递，男人是邮递员，哪怕天各一方，咫尺天涯，总会有一种关怀凝聚其中。

# 只是故意
# 让你多爱我一点

她是一个全职家庭主妇，相夫教子是她的重任。

她每天将家里收拾得纤尘不染，到了晚饭时间，便将美味的饭菜摆上桌子，迎接老公与孩子回家，一起享受一份爱的快乐。

他是一家公司的老总，白天在公司忙得团团转，晚上回家后就成了闲人，安心地坐在沙发上看电视，孩子的作业也不在他的"势力范围"。

不过，这样闲着，他觉得心中难安，经常跑到厨房里问这问那，想帮忙打个下手却不知如何是好。她让他到楼下买一瓶醋去，他却开着车去远处的大型超市，醋买回来了，却耽误了她做饭。

在家庭事务中，他感到十分失败。有一段时间，他在一档美食节目中学会了炒菜，准备在她面前露一小手，没成想由于公司有几个重要的谈判，此事暂时搁置了。再想起来时脑中一片空白，在锅里加了油，却不知道先放哪道食材，惹得她与孩子在他身后捂着肚子哈哈大笑。

他明白她为他做出的牺牲。她原本写得一手的好文章，好几家杂志邀请她去做主编，但为了照料他和孩子，她忍痛割爱，甘心做家庭主妇。他觉得过意不去，总想着能够帮她分担一些家务。

那天回家，她在摆弄一台豆浆机，旁边摆着一张说明书，左看右看，怎么摆弄都不会使。

他接了过来，豆浆机是从日本进口的，说明书也全是日文。说明书虽然看不懂，但他悟性好，研究了一番就榨出了豆浆。

程序太复杂了，她摇摇头说："我是一个文科生，这个决然学不会，这以后就是你的'家庭作业'了，我跟孩子安心等你回家来帮我们榨豆浆喝。"

他终于找到了一个合适的表现机会，觉得这台豆浆机帮了自己的大忙，简直成了自己的专属豆浆机。

他留了个心眼儿，故意不教她榨豆浆。

以后的日子里，他回家后，第一件事便是摆弄豆浆机。她爱喝豆浆，这是恋爱时养成的习惯，她逢人便夸老公榨出的豆浆味道鲜美，她跟孩子都爱喝。她是一个懂得适时夸奖自己老公的女人。

他的公司开展了日本业务，请了一个日文翻译，他突然间想到了那台豆浆机的说明书，让翻译帮自己看看。

女翻译看后大笑起来："老总，这哪是说明书呀，只是一张从网上打印下来的日本菜谱而已。"

被妻子愚弄了！他十分生气，打算回家后对她兴师问罪，翻译的一句话点醒了他："老总，嫂子是在开玩笑吧，她可能是故意的。"

故意下载错误的说明书，故意给他一个表现的机会，不让他在家中无所适从，这也是一种爱呀！

想到她的良苦用心，他突然间眼眶湿润了。他收藏好这份爱的说明书，决定用一辈子时间保守住这个秘密。他现在盼望着下班时间早点到来，回家后对她说一句久违的话："老婆，我爱你。"

# 我爱这
# 哭不出的浪漫

她后悔自己当初的选择。他，一个穷小子，上不了厅堂，下不了厨房，饭来张口的穷酸样子，就喜欢耍小聪明。而她，却因几句甜言蜜语，糊涂地爱上了他。

他们同居了半年，他向她求婚，并祈求她为他生一个小宝宝。当时，她的心情十分复杂，犹豫不决。母亲的连番挖苦，使得她的心中更是五味杂陈。想到自己条件优越，父母已经拿到了高额退休金，足以保障她衣食无忧。而他呢，家在农村，父母每天面朝黄土背朝天地辛苦劳作，挣来的钱还不够在城里付个房款首付。

她曾经向他提过硬性条件，必须在城里买房。他嘴里答应着，可一天到晚周转于人才市场，连份像样的工作都找不到。后来，在没有办法的情况下，他竟然背着她跑到码头上打零工，半个月下来，人瘦了一圈，让她不忍呵斥。

她也曾考虑过拂袖而去，可终究还是放不下对他的深情。再者，如果他想不开，寻了短见，岂不是她的罪过？

她终日在舍与不舍中纠结，对他的问题也是含糊其辞，有时候被他逼紧了，她便火冒三丈："你有钱吗？你看别的女人，结婚时十几辆豪车接送。你如果能制造出世界上最浪漫的婚礼来，我就嫁给你。否则，免谈。"

这算是一种摊牌吧！

受了刺激的他，自那天起，便突然间消失了。第一天，她无所谓；第二天，还可以坚持；第三天上午，她的心如被蚂蚁噬咬般难受：他怎么了，难道真是想不开？打他的电话，关机状态，找亲戚朋友，也没有任何消息。她发短信给他，说"你回来吧，一切好商量"。他不回，杳如黄鹤。

半个月时间，她瘦了一大圈儿。一个清晨，他却突然间来了电话，说与一帮环保哥们正绕着千岛湖旅行呢。

他竟然骑着自行车行驶了四百公里，简直就是个疯子。她挂断了手机，发誓不再理这个对她不疼不爱的男人。哪儿有这样的男人？不知道在婚礼上下工夫，反而溜到外面旅游去了。

回来时，他明显消瘦了。他拉着她，讲路上的所见所闻，讲自己的涉险经历，讲得她都心动了，好想马上骑着自行车，来一次环球旅行。

可婚礼的问题依然没有着落，总不能躲在出租屋里，备上一壶酒，互相喝交杯酒吧。

她一筹莫展时，他却是一副胸有成竹的样子。国庆节当天，一百多辆自行车，停在她家门口，全是他结识的网友，有同城的，还有异乡的。他们骑着自行车赶过来就是为了参加他和她婚礼。没有豪华的轿车，没有奢侈的宴席，却同样吸引了无数人的眼球。有人打着"婚礼万岁"的牌子，还有人兴奋地唱着婚礼进行曲，一行人浩浩荡荡，开始了结婚之旅。

电视台闻风而动，媒体记者赶了过来，成排的采访车直播了整个婚礼过程，他们实在不想错过如此有创意的婚礼现场。天空的小鸟也雀跃无比，似乎在祝福这对新人长地久。

环保之游，浪漫之旅，震撼天地的"爱"，声势浩大的"心"，绵延了一百多公里，他们从城市一隅骑向另一座城的边缘，从日出骑到黄昏。爱，永远不必苛求于形式的豪华，最浪漫的婚礼其实就存在于爱的创意中，这才是真正的天地和谐，真实的和和美美。

# 最悲伤的时候，
才懂心中所念

好像熬中药一样，他们的爱情终于迎来了"七年之痒"。

望着眼前这个木讷、偏激、贫穷、不会疼人的他，她感觉自己好像处在了人生的十字路口，到了该做出选择的时候。

回想起过往，她不明白自己如何阴差阳错地投进了他的怀抱，然后服服帖帖地做了他七年的妻子。七年里，他的语言少得盛不满一个菜筐，从不会温柔地对她说声"我爱你"。为了他们的将来，他拼命地工作，将挣来的钱一张一张地塞在她手中。但时代发展得太迅猛了，无论他如何拼命，他的小跑仍然追不上飞涨的物价。

结婚时，他曾经承诺她在结婚第七年时买一条项链给她，但结婚纪念日已经过去好久了，仍不见他有所表示。她忍气吞声地流泪，想自己的过去和将来，想命运的多舛和无奈。

终于，她下定决心要向他要一条项链来。她其实早就攒够了买项链的钱，但她想验证一下自己在他的心里究竟有多重的位置，所以，这条项链必须由他亲自买给她才行。

为了避免张口的羞涩，她写了张纸条放到他的书桌上，然后那晚她住在了单位的宿舍。

第二天下班回家时，他正好在家，他从怀里拿出一本书交给她，上面写着"爱情故事"的字样。她一脸的不高兴，一本破书就想打发七年的爱情吗？什么爱情故事呀，那都是一些无聊的作家为了挣钱而编织的骗人把戏而已，她愤怒地将书扔到了柜子里。

她曾经想过离开他，但一想到孩子，她便平息了汹涌澎湃的心海。她想着，忍一忍，也许就是一辈子吧。他依然故我，她依然天天生活在颓废和忧伤里。

日子一晃过去了数十个春秋，他们老了，没有精力工作了，孩子早出去谋生了。突然有一天，他跌倒在地板上，送到医院时，医生检查说他得的是脑瘫。第一次，她为了他掉了眼泪。他们的感情虽然不冷不淡，但他总算对得起孩子和整个家，他奋斗了几十年才有了现在的生活和孩子的未来。

她日夜守在病床前，他努力翕动着嘴唇，却说不清话，她摇摇头，任眼泪肆意横流。他健康时不爱说话，现在病了反而有千言万语要说给她听，但岁月跟他们开了个玩笑，他的话，她听不懂呀。

那天，她回家找一件他旧时的衣服，忽然间在柜子的最底层翻到了一本书，书已经发霉了，是那本《爱情故事》，结婚第七年时他送她的礼物。她拿起书翻阅起来，忽然从里面掉下一张纸条来，上面写着：货款已经一次性缴清，凭条者可以直接去爱得森饰品店提取一条项链。日期是他赠她书的日期。

她捶胸顿足地骂自己疏忽，骂他的不苟言语。原来，他对她的爱已经深藏了好些年，只是她不知道罢了。

佛说过，心中有什么，你就会看见什么。爱情和婚姻不是没有缺憾，但爱情与婚姻肯定需要信仰，就好像我们相信阳光一样，首先要笃信阳光，其次再接受太阳有黑子。

恋爱时，女人总爱向男人索要项链，项链是饰品，但项链也代表至高无上的爱情，许多拥有项链的女人们，不一定可以有美好的爱，但许多没有项链的女人们，一样可以让爱情潇洒自如。

# 最好的鼓励，
# 就是一直陪着你

她原本是小城的一枝花，舞姿出众，卓尔不凡，是上天赐予人间的一只白天鹅。凭借着优越的条件与天资，她顺风顺水地完成了人生的一次次量变到质变，出名、挣钱、结婚和产子，无论从哪个角度看，她都是世界上最完美和最幸福的人。

可惜天妒英才，一切源于一场意外的车祸，醒来后，她膝下空空，她从孩子的哽咽的话语中探听到了令人崩溃的消息：双腿粉碎性骨折。接下来，她悲哀，绝食，沉默，不见来客，不抱希望，唯有绝望占据着她的心。

事故前，她与爱人的关系若即若离，这源于她高傲与冷艳。孩子夹在爱的空隙里苟延残喘，平日里对她大气不敢出。爱人与孩子，原本是她人生中极为重要的角色，可如今，她却有一种两手空空的感觉。

没有安慰的话语，这本来就不是他擅长的。孩子随他，只会用哭得红肿的眼睛望着病榻上的母亲。她无语，憔悴的双手紧紧抓住孩子的手。

病愈后，冷漠随之而至，原来大红大紫时，经纪人、舞迷会蜂拥而至，哪怕她的一嗔一怪、一笑一颦，都会让人叹为观止，如今的现实却恍若隔世。

爱人与孩子晚上回家后，用轮椅载着她去小院里乘凉。

月光如水，倾洒在人世间，倾诉着各式各样的悲欢离合。想起自己在阳光下的舞蹈，她又是一次次地伤感。

爱人鼓励她："在轮椅上跳支舞吧，你从来没有为我们跳过专场。"

她的心动了一下，觉得对不起家人，自己健全时没有送过他和孩子一张自己的专场票，如今自己已经江河日下，这样拙劣的舞蹈如何能打动家人？她摆摆手说："算了吧，我只是阳光下的一朵花，如今在月光下已枯萎了。"

孩子跟着说道："妈妈是最美的。你跳吧，我们为你鼓掌。"

反正也没有其他人在场，跳就跳吧。她穿上最美丽的衣裳，在月光下翩翩起舞，像极了一朵受伤后没有痊愈的花。

一支舞毕，孩子与爱人一起鼓掌。孩子说道："妈妈，您就这样跳吧，相信您可以成为月光下最美丽的花朵。"

以后的每个夜晚，孩子与爱人便陪同她在月光下练舞。没有月亮的时候，灯光便成了最美的月光。温馨的气氛始终洋溢在小院里，她突然间觉得，这样的生活才是真正的人间烟火，香郁如酒，浓烈如蜜。

半年后的一个黄昏，市歌剧院的新年音乐会上，一个坐在轮椅上的年轻女子送给大家一场关于生命与爱情的饕餮盛宴，柔美的双手擎起人世间的风风雨雨，瘦弱的双肩担负着种种冷嘲热讽，在人们的惊奇声中，主持人隆重地向大家宣布她的回归。在主持人旁边的她，仍然美若桃花，艳若水晶。

这是送给爱人与孩子的专场，更是送给过去磨难的一份告别礼。从此以后，人们将看到一枝成熟的花朵在月光下起舞，再也不会凋零。

## 我们还有彼此，
## 这就足够了

　　他的工作单调乏味，每天守在传真机旁边，像个木偶人似的。那天，他接收到一封莫名其妙的传真，字写得歪歪斜斜斜的，像个小学生的手笔，传真上标注着送给保卫部的田园。

　　要知道，在工作时间接收私人传真，是公司绝不允许的事。他蹑手蹑脚地将传真放在田园的桌子上，然后用手示意了一个喝酒的动作。

　　田园看后，脸立刻像块红布似的，冲他直点头，示意他别声张。

　　他只不过是个开个玩笑罢了，下班的时候，田园竟真的拉着他去吃大排档。他拗不过，只好顺了这个人情。

　　田园端了一杯酒，非要让他一饮而尽，他是个酒量有限的人，但也架不住田园再三劝酒。三杯酒落肚后，两人打开了话匣子。

　　他问田园："是不是有女朋友啦？不过她的字写得确实不好看啊。"

　　田园说："是我老婆，她不喜欢用QQ，只喜欢写字。我们先前每天都写，互相写，只不过是信手涂鸦罢了，现在她精神不太好。"

　　几句话后，田园的眼圈有些发红。他明白田园的意思了，他要替田园保守这个秘密。

　　他说："没事的，每天一封信，你可以发传真给她，她也可以传过来，我们是哥们嘛！"

　　那晚，两人喝了个酩酊大醉。

　　以后，他每天都为他们收发传真。他对传真产生了好奇：田园老婆发来的传真内容十分少，但占据了大半个纸张，无非是"下班早些过来，今晚吃什么饭"等家常话。而田园的传真却是安慰之类的话语，诸如"注意多吃些药，不要去外面走，外面坏人多"等。看来，田园的妻子病得不轻，他有一种想去看看她的念头，却不知道如何提这个想法。

　　现在科技如此发达，网络上可以发邮件，可以视频，他不明白田园的老婆为何喜欢用这样的方式表达爱意，也许是觉得浪漫吧，或者是他们想保持初恋时的状态。也许病中的人，用这样的方式更可以弥补爱的缺憾吧。

　　那晚，他请田园喝酒，提出到田园家看看，顺便安慰一下嫂子。田园却支吾了好久，对他讲了他们的爱情故事：

　　田园家境贫困，她家境富实，她喜欢上了田园，义无反顾地离家出走，与田园搭上小车到了这个偏僻的小城里。从零开始的生活捉襟见肘，她在一次意外中落下了残疾与脑伤。从此，她只能待在家里，守着人间烟火，与田园共叙常人看不懂的人间佳话。

　　许多人劝她离了吧，但她依然故我，就好像一株树永远顶礼膜拜着天空。在她心中，田园就是她的天空。

她一个人在家里，经常产生轻生的念头。起初，田园整天待在家里守着她。可日子久了，家里总得有人挣钱糊口，田园便教她写字，让她写出心中所想，然后发传真给田园所在的单位。在前几个单位，田园因此挨了批评并被迫辞职。

故事讲完了，田园带着他来到了自己的家。

门打开来，他看到一个瘦小的女人，坐在一个矮小的板凳上。地上铺着一张纸，女人脚上握着笔，正在努力地写字。窗外有习习暖风吹来，纸与风共舞，幻化成一幕感人的画面。

原来，在车祸中，女人失去了手臂，只能用脚写字。不过，她现在写得比原来好多了。

田园跑了过去，替女人擦拭脚上的墨汁。女人回过头，指着桌子上一台残破的传真机，嘴唇翕动着，传达着只有田园能听懂的爱的言语。

他却扭过头去，泪潸然而下。

女人瘦弱的双脚，握住的不仅仅是一枝简单的笔，更是一段刻骨铭心的爱情，一种超越了现实的童话，一种摒弃了世俗偏见的风花雪月。

"她会好起来的。"他拍打着田园的肩膀，田园认真地点头。

这世上有一种爱叫作飞鸿翩翩，雁去鱼来，它虽然原始，却一直保存着爱的浪漫和温度，让爱的双方学会了坚守、辛勤、认真和补偿。我们缺少的，正是这些简单却富含哲理的爱的元素。

# 只是忘了
# 寻找遗失的美好

女人翻江倒海般宣泄着结婚三年来对男人的不满。男人坐在沙发上一声不吭，用冷暴力对抗着女人。

女人最终亮出了离婚的底牌。她觉得生活富足了，爱情却离自己远了。她觉得男人应该有一个男人的样儿，而他在她的眼里，始终像一个长不大的孩子。她无法忍受，也不想再忍受这种没有共同语言的生活。

男人想等女人发过脾气安静下来后，再采取温和的方式解决问题。可女人这一次却较了真，没有给男人见缝插针的机会。

桌子上放着拟好的离婚协议书，女人毫不犹豫地在上面签了字，然后等待男人的回复。她就像一个在悬崖上伫立千年的泥塑，等待着这份爱的契约解除。

男人走出家门，他下了楼，要去吹吹夜晚的凉风。

一个小时之后，小区内突然停了电。女人自小害怕没有灯光的生活，她尖叫起来，随即本能地大叫着男人的名字。

　　叫他有何用，他已经不是自己最爱的人。女人怔怔的，但恐惧感还是战胜了羞涩感，她依然叫着男人的名字。

　　男人冲了进来，急急忙忙，好像一下子从底层冲到了顶层。由于看不清脚下的路，他摔了跟斗，额头上面都是鲜血。他一边跑着，一边叫着女人的名字，然后将女人搂在怀里。

　　像这样亲近地搂在一起，已经是十年前的事情了。那时候生活贫穷，爱情也举步维艰，但她毅然决然地冲破了家庭的重重阻挠，跟着他来到这座城相守。他发誓会好好待她，让她每天微笑，让她过上富足的生活，但这牺牲了他们的业余生活，牺牲了陪她的时间。他的工作很辛苦，每天披星戴月，回到家倒头就睡，直到次日闹铃声响起，他又重新前往工作岗位。

　　他们初恋时，住所里每晚必停电。那时，不需要点燃蜡烛，他就这样搂着她，一直到天明。她开玩笑说："我不需要被子了，因为你是我永远的被子。"

　　女人回味着，觉得这样的拥抱太遥远了。她忍不住哭起来，男人木讷地拍着她，女人就这样睡着了，醒来时已经是清晨，男人一直保持着这样的姿势抱着她。

　　第二天晚上，照例停电，男人嘴里面骂着电力公司。女人却喜欢得不得了，照样让男人抱着，进入了梦乡，再醒来时，那份离婚协议书早已被男人扔进了垃圾桶。

　　女人纳罕不已，连续几天的停电事故，竟然挽救了她的爱情。男人从此变得乖巧起来，晚上的应酬一律推却，只是回来陪女人。实在推托不掉时，便给女人打电话。然后，在他的身旁，便会坐着一个娉娉婷婷的女人。他会介绍说："这是我的初恋，现在仍然是。"

　　女人不知道，男人在不久后的一个周末，敲开了整栋楼每一家的房门，全都送上了一封感谢信。信上这样写道：感谢你们的包容，让一次次停电挽救了我们濒临绝境的爱情。

# 你还未老，
# 我怎敢老去

　　这是一场只有三个人参加的婚礼。在这个边陲小镇，街头巷尾都在谈论这个奇怪的爱情故事。

　　男人比女人小了整整二十岁，他是由女人一手带大的。

　　男人家里穷，女人家里一直帮扶他家。一来二去的，女人的艳闻传遍四方，好不容易找了个人家，只生活了两个月便以离婚而告终。女人索性不再嫁了，外出打工供男人读研深造。

　　后来，男人学成归来进了事业单位，成为年轻姑娘眼里的"抢手货"。

　　男人二十几岁的年纪，风华正茂，媒人踏破了他家门槛，一时宾客如云。但男人铁了心要报答女人的恩情，情愿照顾女人一辈子。感恩与爱情本来就是两码事，岂能混为一谈？一时间，亲戚、朋友和同事轮流劝慰，可就是无法改变男人的决心，后来他竟然为此丢了"铁饭碗"，大家直替他惋惜。

　　婚礼没有亲朋好友来参加，双方的父母早逝，只有一个请来的司仪，面对着空空如也的宴席厅象征性地念着几句背了十来年的婚庆台词。他们却认真地拜堂，认真地拥吻，直至进入洞房。

大家都觉得这样的婚姻不可能长久，就像过年的烟花一样，只璀璨一瞬间便会被世俗的风吹到九霄云外。但大家都看走了眼，两人时常在傍晚时分，在小镇的大街上散步，众人不理睬他们，他们却主动与大家打招呼。男人殷勤，女人善良，帮助大家做各种各样的活计，直至人们的目光中不得不包含一丝感谢与感动。

女人为了与男人看上去更般配，爱上了化妆，天天将自己打扮得活色生香。她成了小镇上一道特立独行的风景，与男人站在一块儿时，脸上尽是笑容。

她从来都不会让忧愁爬上脸颊，有人说这叫做作，有人说这是虚伪。但无论如何，作秀也好，装模作样也罢，有谁能将这种状态始终保持在世人面前？

女人越发显得年轻了，这是大家公认的观点。一个将近五十岁的女人，竟然保持着这样的容貌与体态，不禁让人啧啧称奇。她与男人站在一起时，大家绝对看不出来他们是两代人。

渐渐地，人们忘却了她的年龄，而是亲切地称她为大嫂或者是弟妹。

每逢听见有孩子叫她姐姐时，她便兴奋得手舞足蹈，她会将家里最好吃的糖果送到孩子手中，然后拍拍孩子的脸叫着"小鬼"。

婚后十年光阴，荏苒而过，男人开始生病时，女人慌作一团，脸上出现从未有过的斑痕。她带着男人到市里最好的医院去治疗，将这些年的积蓄花得一干二净，可最终还是没能留住男人的命。

男人病逝后，大家一直没有见过她，她家的小院里冷冷清清的，毫无生机。

她再次出现在人们的视野中时，简直判若两人，一副老态龙钟的样子。不知是谁的手，一下子将她残留的韶华强行掳走，只剩下风烛残年。以前叫她姐姐的孩子，再见到她时，吓得不敢出声。

原来爱情走了，再好的容颜也没有了看客，那些为了他保持了多年的斗志与风韵也随风飘逝。以前的她似乎是不会老的，她要始终保持良好的心态与他站在一块儿，这样在众人的眼中才称得上般配与恩爱。现在他已经走了，再多的坚持也成为一种无助，就像春花再也无法面对春月，秋叶再也禁不住初冬寒冷的纠缠。

真爱是这世界上最能让人返老还童的良药，在所有爱与被爱者的眼里，爱人就是一个孩子，从来没有苍老与孤单。

原来，在她的心中始终坚持着这样一种信念：他未老，她不能老。

# 谁的肉身
# 没有硬伤


她在"试管婴儿"这个科室工作，每天都要面对无数张渴望与无奈的面孔。

虽然价格高昂，但总会有夫妻乐此不疲地奔波而来。有些人高兴而归，有些人失望而去。

一个四十岁左右的中年男子，其貌不扬，身上一股子潮湿的泥土味，身后是他的盲妻。他们不敢将这昂贵的服务与自身联系在一起，在乡下，通常会抱养一个孩子作为下半辈子的依靠。

男人走到她面前，许久不说话。他的盲妻想上前与她搭讪，脸却像红布一样，最终还是选择了逃避。

男人正了正衣襟，终于说："大姐，我们想要个试管婴儿，这是我们的检查报告。"

她不敢懈怠。他们挣钱不易，她不敢在他们的尊严上撒盐，因此，她认真地审视着这份再普通不过的检查报告。

她怔了，他们两人，身体一点儿毛病也没有。按照常理，只要他们的夫妻生活正常，早就应该生育了孩子。抱着这样的疑问，她想询问他的盲妻，却发现他的盲妻羞羞答答的，像个孩子似的躲到了外面的藤椅上。

男人拍着胸脯说："问我吧，我能够接受得了，我们攒了十年的钱，就是为了要个孩子。"

"你们根本没病，同房正常吗？"她单刀直入，男人的脸瞬间红云密布。

对于这样的反应，她见怪不怪，只是用严厉的目光要求男人马上回答问题。

"她有恐惧症，十年了。"男人说话时语无伦次，显然底气不足。

这怎么可能？十年时间，他们住在一起，竟然没有做过夫妻之事！

她猜测他们可能是心理毛病，便对他说："应该看心理医生，恐惧症是暂时的。你们可以再尝试下，不需要付出如此昂贵的代价。"

他却坚持要做试管婴儿："我们身体棒，没事的，按流程走吧。"

她愤怒地示意他赶紧离开。她绝不会违背事实，为了牟利而改变检查结果。

他临走时，像个小偷似的将她的名片捎走了一张。

晚上值班，她竟然收到了他的短信，内容很长：

"大姐，我语拙，不会说话。她是个盲人，小时候遭到了流氓骚扰，留下了心理阴影。我是个流浪汉，能够娶到她已经是前生的福分。我们想要孩子，我也知道应该行夫妻之事，男人谁不渴望？可是，她却疼痛得要死，多少次尝试，她都寻死觅活的，我真是死了心。后来，我自己跑到诊所里写了张纸条，说是我个人的毛病，她才肯罢休。

"十年煎熬，我曾经想过再娶，但一看到她羸弱的身体，我便于心不忍。我带她看过心理医生，但再多的引导也无济于事。现在，我只能每天晚上搂着她进入梦乡。这一切，我忍了。无论如何，求大姐帮个忙，我们想要个孩子，这兴许是我人生最后一个愿望。最后，如果她要问，就说是我的毛病，千万别刺激她。"

她的手有些颤抖，面对良知与善良，她无法拒绝他的请求，如果她执着地将最终结果向他的盲妻公示，恐怕他的盲妻会崩溃，会愧疚，会一辈子寝食难安。

她紧张地翻看着白天他落下的病历，思忖良久，将"试管婴儿"的字样抹去了，取而代之的是四个字：人工授精。

爱是一种心灵上的默契，一种刻骨铭心的思念，一种无需回报而心甘情愿的付出，一种相依为命和善待彼此的过程，一种心动（思念时）、心跳（相见时）、心痛（离别与伤害时）的感觉。爱一个人，要了解也要开解，要道歉也要道谢，要认错也要改错，要体贴也要体谅，要接受也要忍受，要宽容也要宽慰！

# 再深的误会
# 也能被爱释怀

男人出差前，带着女人去吃了一顿海鲜。

席间，女人叮嘱他在外面小心点。

男人笑着说："你呀，就多心！"

用餐完毕，男人叫了一辆出租车送女人回家。他看着出租车渐行渐远，才转身去了机场。

凌晨时分，女人推测男人大概已经到达了出差的城市，本想打个电话问问，可时间太晚了，况且男人临行前承诺第二天会给她电话，她便入睡了。

睡意朦胧间，手机响了，是男人的电话。女人强打精神接了电话，却听到一个女人的声音："你没事吧？"

这是谁？在异乡的城市，凌晨时分，竟然有一个女人用丈夫的手机给她打电话，是挑衅，还是丈夫欠了人家钱，抑或是更深层次的问题？

女人的心一下子提到了嗓子眼，她极力压制住内心的焦急，假装镇定地回答着："没事，你是谁？"

对方听了后，说了声"没事就好"，就挂了电话。

女人傻了，急忙回拨，电话却无人接听，再打过去时，电话却不在服务区。

女人一夜未眠，想着自己平时对男人的好，禁不住顿足捶胸。

不要脸的男人，不要脸的女人！口口声声说公事出差，没成想却是与别的女人私会去了。

女人气急败坏，恨不得赶紧前往那座城市，却不知道该去哪儿找他。后来，便忍了下来。

丈夫预定出差的时间是三天，可直到第四天过去了，他还没有回来。女人感到情况不妙，不管如何，都得先找到丈夫。她再试着拨丈夫的电话时，却通了，那边传来丈夫微弱的声音："雅子，是我，我没事。"

"你没事，我有事。说吧，那个女人是谁？就是三天前的晚上跟我通话的那个女人。你可真行，这是要瞒天过海呀？"

"你听我解释，是这样的。我那晚刚下飞机，便感觉腹痛难忍，只好到附近的医院就诊。我首先想到可能是食物中毒，当天你也吃了海鲜，害怕你有事，便向旁边的女护士指了指手机上的号码。她明白了我的意思，便拨了电话。我醒来时，她告诉我你没事，我这才放下心来。"

"编，接着编，你可真是个编故事高手，你以为我会相信吗？"

"让护士小姐跟你说吧，你不信的话，有伤口为证。"

一个熟悉的声音传来，护士小姐与丈夫所述的情况基本一致，女人信服了，想到远在异乡的丈夫在进手术室之前依然惦念着自己的安危，她突然间放声痛哭起来。

男人回来时，拍拍肚皮说："纯属误会，急性阑尾炎，割掉了阑尾，伤口为证，相信我身边没有女人了吧？"

女人搂了丈夫，说："不，我愿意永远做你身边的女人。"

# 对你的好，
# 并不要你全都知晓

她原本是个性格开朗的姑娘，只因在一次意外中不幸失明，从此变得郁郁寡欢。她怨恨命运对自己如此无情，也曾想过自寻短见，但父母临终前的谆谆告诫如一个警钟时时敲响在她的心海里，父母劝她要好好地活着，无论遇到什么样的挫折，都要善待自己。

正是秉承着这种人生观和信念，她一步步坚强地在泥泞中前行着，她需要面对的不仅仅是自己，还有那许多张无法左右的嘴巴。流言如一支利箭射在她年轻的心上，无助又缺乏关爱的她从此对生活彻底失去了勇气。

但老天却生生为她开了一扇窗，她遇到一位心地善良的男子，他愿意倾尽自己的一生当她的手杖。她摇摇头说这不现实，但手中摸到的分明是一朵朵沾满露水的鲜花，上面残留着香气和他的体温。用手摸他成熟的脸，她感觉到的尽是微笑。

事情的转变发生在一次逛街中，他挽着她的胳膊，两人沐浴在小城三月的阳光里。突然间，她听到街边有人在议论他们的事情，一个刁蛮女人的声音传来："现在的人呀，什么样的都有。这不，一个瞎子居然勾搭上了一个俊俏的小伙子，不说她配不上他，就是配得上他，也是他一生的拖累呀。"

她的心像是被人用匕首戳了一下，疼得厉害，她甩掉了那双稳健的臂膀，她不愿意做他永远的负累。她说："你走吧，我不喜欢你，我自己有手，我可以做我自己想做的任何事情。"

他像个小孩子，不住地向她道歉，说那帮人没文化，让她不要往心里去。

她还是走了，一个人跌跌撞撞，摸索着前行。他在后面尾随着她，不忍离开。她发觉了，没好气地说："你脸皮真厚，总跟着自己做什么，再不走，我叫警察了。"

从那天起，她像原来一个人时那样去挤公交车。公交车会经过一家医院，在那里，她每周去做一次免费的眼睛检查。以前她去时，由于公交车上人多，她不是被人推倒，就是没有座位。但没有他的日子，她只能这样重复着自己的生活。她要用事实证明，自己是可以的，她不是另一个人的包袱。

她用明杖丈量着前行的方向和路途，抬脚迈上熟悉的公交车，但今天幸运得很，车上好像人不多的样子，她很快便顺利地摸到了临车门的一个位置，然后抬起头努力向大家微笑。尽管她的内心里充满了惶恐，但还是会用阳光灿烂的笑容告诉每个人，自己依然是生活的强者。

一晃眼，五六周过去了，她的公交生涯却出奇地顺利，挨着门的位置总是有一个空座等着她，好像所有的人都挤到了后门位置，她的周围都是温暖和理解。

那天上车时，公交车司机随意问她："你可真幸福呀，天天有人送鲜花和微笑。"

她愣愣地说："你说我吗？"

"是的，姑娘，那个小伙子一直躲在电线杆的后面，手里托着鲜花，脸上带着微笑，目送着你上车，然后才慢慢地离去，每天如此。"

"是他吗？"她突然间感觉心海波涛汹涌，无数的爱意涌了出来，顿时让她感到幸福、快乐。

司机接着说："就是他，没错。他总在我快要发车时，跑上车厢悄声对我说，有一个盲人姑娘，她需要我们的关怀，所以，请我在座位上格外照顾她。"

她是怀着无比激动的心情度过这一天的，她在心里对自己说，回来时，她一定会跑上前去，送给那个傻傻的他一个吻，并且亲口告诉他：那个手托鲜花、脸上布满微笑的男人，其实，就是自己的最爱。

PART 7

祝我们再次遇见，
都能比现在过得更好

# 成全你，
# 是我最后的温柔

他没有料到，会在自己的家中遇到初恋，目光相遇时，一种久违的温暖掠过，片刻间却被轮椅上的妻子打断。她是被妻子招聘过来当保姆的，妻子久病在床，已是癌症晚期，而他又无法完全抽身照顾她，因此，他发布了招聘广告，没想到，离异多年的初恋竟然阴差阳错地应聘上门。

看着在厨房做饭的初恋，虽然她韶华不在，但风韵犹存，惹得他满是怜惜。

时光回溯，他想起了往事。当时，他年轻帅气，与初恋情深意浓，眼看着水到渠成、瓜熟蒂落，却横生枝节，妻子以迅雷不及掩耳之势征服了他。与此同时，他竟然听到了初恋的不良消息：她傍了一个大款。这种行为，与他的人生观发生质的碰撞，令他不齿。

与妻子的关系倒是亲密无间，也曾有过浪漫的花前月下，但更多的是性格的激烈矛盾，甚至有时候无法自已地大打出手。无数个深夜时分，他一直想自己的选择兴许是个错误。

有一阵子,他想到了离婚,干脆做个了断,从此劳燕分飞。没想到,她却突然得了重病,到医院细查,竟然是癌。此时此刻,再多的埋怨也是多余,他不能让上天剥夺了同床共枕了十年的她的生命。他与她,站在死亡线上,不停地搏斗,直到浑身是伤,直到她头发散尽,只剩苍凉。

无数次,她想一死了之,他都以死相搏,他绝不允许她从自己身边悄然溜走。她大他两岁,可以当作他姐姐,没有人可以夺去他姐姐的生命。他给予她的,只剩下绵绵亲情,这种情,超越了爱情,完全是一种责任与尊严。

妻子的生命将尽,脾气也收敛了许多,面对他与他的初恋,她更多的是认同,她甚至鼓励他们独处,好像这成了一种交代。

但他面对初恋的来袭,选择了排斥,他告诫她:"我们是主仆关系,工资我一分钱不会少你,过去的事情已恍如隔世,你的任务是照顾病人,我的任务是让她康复。"

其间经历过几次生与死的挣扎,妻子疼晕过好几次,他像个疯子似的背着她进入医院的重症病房,守在外面一刻也不离开。初恋给他买饭,他不吃,他说:"你的任务已经完成了,你可以走开了,现在,她不需要你的照顾。"

"你需要照顾,我不会离开的,这样下去,你会垮掉的。"初恋嘘寒问暖。

他摇头叹息,如果是十年前,他会毫不犹豫地选择拥抱,他与初恋的爱情基础,牢固、扎实,而与妻子,则是一见钟情。

忽然间往事悠悠，五味杂陈。

在妻子最后的时日里，他与初恋一直守候在她身边，看着她离开，两个人拥抱在一起，号啕大哭。

处理完妻子的后事，他清算了她的工资，塞到一个大信封里，郑重其事地交给她，她没有接，对他道："我要留下来照顾你。"

"你把我当成什么人了？妻子刚走，我便另觅新欢，这算什么？"他没好气地推了她的身体，初恋流着泪下了楼。

在整理妻子的遗物时，他竟然发现了一封很长的信，信中讲述了当初她是如何用卑劣的伎俩嫁祸于他的初恋，目的是为了得到他的爱与他的家产。患病后，妻子感觉有愧于他们，一直托人在寻找他初恋的下落。直到有一日，她们相遇了，知道她单身后，妻子跪着求她，恳请她原谅自己。最后，妻子说了自己的病，说了他的努力与爱，直到两个女人抱头痛哭。接下来，初恋以保姆的身份进了他家，目睹了一个男人的伟大之处，两种隔世的情感连接起来，撞击出更加璀璨的火花。在信的最后，妻子写道：能够让他们相爱，是我最后的幸福。

他突然间潸然泪下。

最后的爱，写满了赤诚，就好像邻家的姐姐，从小起便关爱你的一言一行，一举一动。赎罪也好，真心也罢，已经爱了，用谎言与誓言，用尽平生的最后力量。这样一张写满智慧的信，一定可以让他怀念一生，一辈子永远记住她的爱。

# 让你拥有爱情，
# 我才安心

初恋时，男人喜欢送她情书，不是用打印机打出来的那种，而是用钢笔一笔一画地写在稿纸上，然后邮给她。

她每天最兴奋的事情就是读他写来的信，在那些看似平淡的语言里，流露着他火热的深情。那时，她觉得幸福极了，她将它们全部锁在心海的最深处，想着等将来有一天老了，拿出来和他慢慢分享。

哪首歌唱的，最浪漫的事，就是和他一起慢慢变老。其实是应该加一些元素在里面的，如果能够坐在地毯上，拿起陈年时写的情书读上几篇，那种感觉肯定无比惬意。

婚后，他们一直没要孩子，她知道他是在包容着她，因为他传统的家教迫使他早就想要个孩子，只是因为她的执着，他顺从了她。

他依然保持着写情书的习惯，他曾经扬言，有朝一日要将情书发表在报纸或者杂志上，让所有人都知道他们爱情的真诚和浪漫，她笑他傻。

但没过几年，男人总觉得身体乏力、头晕眼花，身上还出现了一些紫色斑点，女人担忧着。去医院给男人做了检查后，女人懵了，诊断书上清楚地写着：再生障碍性贫血。

女人不相信这样的事实，带着男人几乎转遍了北京的各大医院，最后确认，他确实得了绝症。原本幸福的生活瞬间荡然无存，残酷的病魔将整个家庭带进了万丈深渊。

随着病情的加重，他的头发频频脱落，最后不得不接受化疗。他清醒时，喜欢给她讲笑话，看着她愁眉苦脸的样子，他笑话她："有什么大不了的，不要往心里去，明天太阳还要出来。"

他顽强的意志力在感染着她，她下定决心，只要有一线生机，就绝不放弃希望。

冬天的傍晚，他的脸和外面的飞雪一样的洁白，她坐在他的床边，给他讲新闻报道的时事。他喜欢听国家大事，年轻时曾有过保家卫国的雄心壮志。听到笑处，他眉开眼笑；听到痛处，他和她一起落泪，感叹世事无常。

就这样，他在临走的最后一刻，看着她，将最后一个吻丢给了这个世界。

第二天上午，报纸上登了一则奇怪的《征婚启事》：我自知将不久于人世，平生无憾，只是觉得对不起娇妻，在世时没有尽到丈夫之责。为此，我托在报社工作的朋友在确认我过世后，给我的妻刊登"征婚启事"一则，愿将毕生所愿，托于有情之人，我在九泉之下，万分感谢！

她看到报纸时，眼泪洒满了衣衫。

最后一封情书，依然是他对她无尽的爱与牵挂。

面对着突如其来的灾难，与其带走一切，倒不如好好地送她一场经典的爱情。自己无法完成的相守，可以让另外一个人去弥补，活着就是为了让心爱的人幸福，与其抱残守缺，倒不如认真地规划，送给对方下半辈子的幸福。

# 希望有个人
# 延续你的幸福

丈夫去世后，她孤独无依，一度想结束自己的生命。想起丈夫在世时的场景，她觉得对不起他。早前，丈夫经常外出打工，而她则趁机与自己的初恋沟通交流，直至差一点打翻了婚姻的那杯清水。

令她惊讶的是，丈夫一直对此事默不作声，这更加剧了她的不安。后来，出于内疚，她干脆扯断了那根不属于自己的姻缘线，让那个初恋永远地消失在自己的视野里。但说句实话，她和丈夫，只是表面上的爱情而已，令她刻骨铭心的，依然是初恋的脸孔。

但一切都为时已晚，尤其是在丈夫病入膏肓的岁月里，她更觉得对不起他，拼命地拽住爱的绳索，想将他的生命拽回大千世界里，却没有成功。

爱总是这样，当你觉得越发珍惜时，却已然成了明日黄花。

她整理旧时的物件，翻看与丈夫的相册，泪水禁不住模糊了双眼。

有快递公司送货上门了，打开来，却是一朵鲜艳无比的红玫瑰。在

2011年的情人节，能够收到这样迷人的情人节礼物，说明有人依然惦记着自己，她无比激动。

没有落款，她有些失望。拿着芳香无比的红玫瑰，她很快想到了丈夫，肯定是他。在快要离开的那段日子里，他分外地忙，将她支得远远的，打电话，叫朋友。

她感动得无以复加，丈夫一定是害怕自己走后，会孤单落寞，所以采用了这样一种另类的方式表达自己在世时没有说出来的爱。

红玫瑰是每月定时送过来，一朵接着一朵，整座房间里已经成了红玫瑰的海洋，坐在这样温馨浪漫的大船上，女人的心情明媚起来。

在夏季过去时，她终于按捺不住焦急的心情，去了那家叫作"爱的天使"的快递公司，她说了自己的名字，想查一下红玫瑰的来源。

果然不出所料，丈夫生前曾经来过，他办理了相关手续，并且预交了全部的费用，他嘱托快递公司的人在自己离世后，每月固定时间上门给妻子送红玫瑰。

回到家里时，已经是掌灯时分，却突然接到了初恋的电话。

他的声音带着颤抖，是出于同情吗？他不知道如何劝慰她，只是说着听不懂的话，直至最后挂了电话。她的耳膜里嗡嗡作响，不敢想象与他之间的爱情究竟会如何发展？不，她答应丈夫的，绝不与他再来往。

红玫瑰依然络绎不绝，但在十月收到的红玫瑰中，竟然有了落款，上面赫然写着初恋的名字。

难道是他在故意使诈，在自己失去爱情的时候落井下石、见缝插针是多么卑鄙的一件事情。女人觉得这样做太可耻了，她拿起了电话，将对方骂得体无完肤，容不得他做任何的解释。

但下一个月，他的红玫瑰依然如期而至，这真是一个不达目的誓不罢休的人，她已经考虑好了不再嫁，想为丈夫守一辈子的清寡。

她撕碎他送来的红玫瑰，电话手机也换了，但令人奇怪的是，红玫瑰却一直这样送着，持续到2012年元旦。

她终于沉不住气了，跑到快递公司那里质询，快递公司的老板着急地做着解释："是这样，还是您的先生嘱托的，他让写上这位先生的名字，同时，他还嘱托，将另外一份红玫瑰落款写上您的名字送给这位先生。"

丈夫竟然在同时以女人的名义给初恋送红玫瑰。

她懵了，不懂得丈夫在做什么，他是想以这样的方式折磨她吗？

1月20日，她意外地收到了一封信，来自遥远的美国加利福尼亚，落款是丈夫的好友，信中好友告诉了她整个事情的经过：

丈夫自知不久于人世，他也知道她和初恋的爱情，他想成全他们，便想到了这样一种浪漫别致的方式。他算好了准确的时间，开始时不敢落款，害怕她生分、恐惧，直到半年时间后，才敢写下初恋的名字。他为她所做的一切，就是为了让她和初恋和好，相爱，直至进入婚姻的礼堂。

她哭得梨花带雨，跑到他的墓前痛哭流涕，泪眼朦胧中，却是初恋的身影，他紧紧地抱住她，她像极了一个受伤的孩子。

春节前夕，他们举行了婚礼，丈夫的相片摆在礼堂的正中央，初恋真诚地向丈夫发誓会一辈子对她好，他们诚恳地向丈夫道谢，仿佛看到丈夫在天堂冲着他们微笑。

计划是可以改变的，是个相对概念，但与爱有关的计划，却可以在生命的弥留之际，如此潇洒地出现在大家面前，让我们扼腕长叹。原来在这世上，命运不可能准确占卜，而爱却可以精确计算。

# 我愿做那个
# 为你预报幸福的人

男人回家时，女人正独自一人坐在角落里落泪。落泪是需要理由的，但女人就是一言不发，男人知道她的心事。

女人一心想成为作家，但投出去的作品却都泥牛入海，在如今，没有人会在意一个落魄写手的心情。

男人起身做饭，锅碗瓢盆碰撞的声音令女人心烦，她冲他发脾气，然后将整个房间里的烟火气息降到冰点。

夜晚时分，女人坐在电脑前写东西，本来不想写了，可就是心有不甘，非要硬着头皮写。

男人则翻箱倒柜地找东西，好不容易找到了，却是女人以前的一些旧稿子，他打开手提电脑，一篇篇地编辑成文字，然后发到一个网站上。

女人睡觉时，男人仍然没有忙完，女人随便问了一句，男人回答道："没事，你先睡，看你着急，我将你的文章发网上去，估计会有人录用的。"

这简直是天方夜谭，心比天还高，命比纸还薄，女人想着自己窝囊的心情，毫无幸福可言。

一周后的一天，男人兴冲冲地回家，早早做了饭，女人回来时，已经是半夜三更，男人兴奋地从沙发上跳了起来，也不开灯，鱼跃似的将她抱在怀里。

女人没有好心情，疲惫地说道："今天与杂志社谈得不好，人家说我的作品不好，别烦我了。"

男人却眯着眼睛道："我会预报幸福，三天以内，我们家绝对有使你幸福到极点的事情发生。"

听说过有预报天气的，预报地震的，预报灾难的，还没有听说过有预报幸福的，幸福谁能够把握得住？

三日后，女人收到一大件包裹，从北京寄来的，打开来，却是一大份报纸，整版的副刊选用的全部是女人以前的旧文章，还配有女人的点滴介绍。

男人的表情很是神秘，女人问他："你是怎么知道的，难道是你搞的鬼？"

"我哪儿有这能耐呀？我在论坛上发了数篇你的文章，是人家慧眼识珠呀，将你的文章选了出来，刊登了，这不，是人家的版主告诉我的。"

果然是幸福的事情，女人兴奋地搂了男人的肩膀，说："我的文章终于发表了，开张喽！"

男人说："所以说你得自信和幸福，每天都得这样，幸福和自信的女人充满了魅力与才能，才能文思泉涌呀！"

此后，女人笔耕不辍，在半年的时间，情感类文章写得如火如荼、风生水起，还给好几家副刊写了专栏。

女人不知：男人撕掉了影印好的报纸底稿，还与北京的朋友通话，永远保守这个秘密。

女人只知：男人每天回到家里，都会预报明日的幸福情况，天气晴好，阳光明媚，心情灿烂，幸福指数六级，写作指数十级。

许多女人一辈子指望的，其实就是一个会准确预报幸福的男人。

相爱的人一旦错过了时间，便将错过一生。于是在那段美丽的邂逅之后，你先转过了身，留给我的是你渐行渐远的身影，你远去的背影旁边还有一个美丽的她。当心中淡淡的酸涩变成眼眶的湿润，我知道，我已经失去。

原来，有些爱情，并不是上天不给机会，只是有些人太愚昧、太粗心了。

# 熬得过等待，
# 才看得到花开

　　她大他六岁，其实是秉承着"女大三，抱金砖"的传统理念，大六岁，不是可以抱两块金砖吗？但他二十四岁，她却步入了而立之年，皱纹早早地爬上了她的额头。

　　她将额头上的皱纹当成了自己致命的弱点，拼命地化妆抹粉，每天执着地为自己美容。他在外面打拼，她便在家中收拾家务，里里外外收拾得一尘不染，他穿的衣服也熨烫得妥帖有致、有条不紊。

　　男孩子终于有一天感觉到自己与心爱的她有了代沟，说出来可笑至极，但却是事实。虽然她爱他，像个大姐似的照顾他，将自己全部的爱送给了自己，但这种爱时间久了，便让人生分、郁闷，觉得不可爱。在公众场合，他是决然不会带她出来的，因为她面容衰老，怎么看都像是他的姐姐；而他年轻有为，已是一家公司的销售经理，身后美女如云，他有些后悔自己的选择，同时觉得苍天弄人。

　　城市的离婚风潮袭来，几个同事不约而同地选择了离婚，仿佛离婚成了一种时尚，如果你不敢离，就会成为时代的叛逆。

他按捺已久的念头终于在二十六岁那年付诸实施了，一个妖娆的女子接近了他，说尽了男人们喜欢听的软言蜜语与世间芳华。她小他六岁，白皙的胳膊可以掐出水来，家中人老珠黄的妻子与她更不敢相提并论。

他回家的频率开始变少，甚至到了后来，干脆找各种借口不回家。

女人早已经察觉到了风吹草动，有些好友提供了许多证据，说他出入某种门庭，左拥右抱的样子。她却不哭也不闹，朋友劝她："他是你的，你该争回来，总不会以为自己真的老了吧？"

她却依然故我，好好地收拾家务，让心灵与家中不落纤尘是她的重任。

半年时间，他几乎没有回过家，而她则每日里出入健身场所，拼命地锻炼身体，让婚前的小蛮腰现出原形，让俊俏的脸庞重新如一朵花一样绽放在世人面前。

公司举行酒会，销售经理自然是会议的主角。不请自来，一个妖而不艳的女人出现在大家面前。她头一次到他的公司，以前不敢来，怕沦为笑柄，现在居然自信地来了。她自知已成为一朵花，成熟的花。她仪态万千，庄重优雅，一看就是那种有文化修养的女人，着实羡煞了很多人。

他身边那个妖娆的女子眼神中闪烁着一种不安，挽着他的手臂，倏然松开。

他站在原处，不知所措，而她则上前与他拥抱，公司老总擦着眼睛吼着："小子，你居然有这样一个体贴的女友。"

她用自己的成熟征服了在场的所有人。她利用半年时间，将舞技练到炉火纯青的地步，与老总一段舞蹈完毕，掌声雷动，所有已婚和未婚的男人，眼睛闪着"狼"一样的青光。

一段插曲，她便收拾了他的心。他再次臣服了，酒会后跟她回家。她第一次在他的面前开车，驾驶证她刚考下来不久。他像个做了错事的孩子，一路上不敢高声粗语，他不知道如何坦白自己的不堪过往。

一路上，车里没有埋怨的声音，回家后她便收拾了行装，恢复了原来的主妇模样，几盘小菜，一杯红酒，营造出浓浓的爱的氛围。

他本来计划好的，会在某个不经意的时刻提出离婚。但现在，他被她的蜕变征服了，老总的话仍在耳侧徘徊："好好珍惜你眼前的女人吧"。

傍晚，等到女人睡着了，他上网聊天，向网友们倾诉自己莫可名状的心情，这时竟然看到了桌面上女人的博客，点进去发现她原来每天都在更新，从半年前开始记录：

他还小，给一个男孩成长为男人的时间吧。从不懂事到知道心疼人，是一段漫长的旅程。

他24岁那年，我们结的婚，半年后的一天，他便钟情于一个女孩子，而那女子只不过看中了他的钱财，因此，他丢了三个月的工资，我宽慰他：钱乃身外之物。

二十五岁那年，他略有成熟，但在感情上仍然不谙世事。一个女同事爱上了他，而对方的家庭却不同意，因为他是有妇之夫。于是他喝醉了酒，将所有的心事和盘托出，我不敢埋怨他，我只是认真地爱他，用自己的爱抚平他所有的不快。

二十六岁时，他过生日，我准备了一个特大的蛋糕，他没有回来。一个朋友发现了他的行踪，一只"小狐狸"缠着他。他其实不知道，她只是想让他帮助她升迁而已；他更不知道，公司老总已经开始调查这起交易背后的问题。我背着他去了公司，向老总保证他是一个优秀的男人。

他突然间泪如雨下，自己做过的所有蠢事，她早已经知晓，只是她给足他成长的空间与时间，她在认真地等待着一个男孩变成一个优秀的顶天立地的男人。

有时候，在爱的征程上，我们都需要等待、原谅、再等待和再原谅。留一段时间给自己，留一段时间给爱情，等一个男孩成长为男人，等他成长为知心爱人，等一份相濡以沫的爱情。

# 心不缺席，
# 不见也能看到你

三年前的那个黄昏，当他将另外一个男生推到她的怀中时，他的眼泪再也抑制不住，汹涌而出。在此之前，是他骂了相恋三年的她，两个人在一刹那间，成了仇人。他将她所有的缺点通通数落了一遍，包括她的懒惰、矫情、无理取闹。

她终于决绝地远去，另外一个男生，成了他的替代品。

其实，他之所以忍痛割爱，有两个原因：一是那个男生始终爱着她，只不过，凌厉的他比他快了半步而已；另外一个原因，他发誓不告诉任何人，他得了严重的肺炎，可能已经演变成了癌，是不治之症。与其拖累了她，不如成全了最爱的人。因此，他精心导演了这样一场违心的一幕。

他从城里搬到一座山中，每日与鸟兽为伍，与世隔绝。再多的世事纠缠，也与他毫无瓜葛。

他自幼父母双亡，本来就是一个没人疼无所依的孩子，再多一点伤痛又有什么。因此，他为她安排了另一个归宿，从此了无遗憾，也无牵挂，这样的结果已经是上天最好的眷顾了。

寄居山林的日子里，他不再自暴自弃，而是每天优哉游哉，将整座山走了个遍。一转眼便是三年时间，他的病由于远离城市污染居然好了，呼吸比以前顺畅多了。回到城里的医院做检查，医生说他只需再吃几个疗程的药便可痊愈。

上天与他开了一个玩笑，他哭笑不得。由于需要接受下一步的治疗，他搬回了城里。为了保护自己，他每天戴一个大大的口罩，遮挡了大部分面容。

他没想到，竟然在百货大楼里遇到了她，她依然楚楚动人，旁边的男人衣袂翩翩，与她很相配。

一种再熟悉不过的感觉掠过，她突然间目光闪烁，看到了他。他意识到了什么，疯狂地跑，她竟然在后面追赶，一个男人在前面，中间一个女生，最后面，仍然是一个男人。

见面不如怀念，与其这样子见面，为彼此带来不快，倒不如像烟一样，消失在彼此的眼前，眼不见心不烦，再根深蒂固的爱，有了距离，也架不住时间与流年。

他逃回了山里，三天后，她竟然不请自到，喘着粗气，抱着他，搂着他，他不知所以然。

"你已经是别人的妻子了，我已经劫后余生，以前的我，早已经不复存在。"

"你跑到这儿享清福，扔下我一个人，我是商品吗，可以随便扔给别人？是的，他爱我，可是，我不爱他，我们一直保持着这种默契，三年了，从来不敢越雷池一步。我知道的，你不会撇下我不管的。你有病，可以治呀！三年时间，我们找了你一千多天，我相信，总有一天，上天会让我重新遇到你的，我会嫁给你，那么长时间的爱，岂是一句话便可以草草了事？你这辈子，扔不下我了。"

身后，那个男人如释重负："小子，你终于好了，恭喜你，现在，我将她完好无缺地送还给你。我要走了，另外一个女生，也已经等了我三年时间，友谊与爱情，都重要。"

哪怕你跑到了天涯海角，哪怕世事无奈，也不曾改变爱的初衷，因为爱，从来都不曾缺席。

缺席的只是身，心仍然纠缠在一起，从来不曾分离，身体在天涯海角，隔断了爱与不爱的距离，但心仍然缠绵在一起，这就是爱的伟大力量。

# 不是你的，
# 就不必强求

她没有想到，与他离异半年后，竟然在火车站与他不期而遇。他依然是风度翩翩，她依然是楚楚动人，在火车站广场上，她看到了他，正费力地追赶着火车，火车窗口里，映现着一个女孩子骄傲的背影。

两杯薄酒，共叙分别后的经历。

她没有再婚，而是一个人孤独前行，她想通了，要做一辈子单身贵族。

女孩子是当初他与她分手的理由，而他的大男子主义与女孩子的性格格格不入，几次相处都争吵不休，甚至有一次竟然大打出手。

"女人是让疼的，你改不了这个毛病。"女人嗔怪着。

"如果需要，我可以帮你，前提是你要改变自己的臭习惯。"她不可遏制地发起火来，将他所有的缺点暴露无遗，说到疼处，竟然骂了起来。

女孩子坐火车去了异城，他痛不欲生，心里想着如何才可以让自己的爱情转危为安。

由于喝多了酒，他醒来时，竟然发现自己在女人的家中，他无法掩饰内心的慌张，而她则中规中矩地收拾饭菜，化自己的妆。

女孩子得知消息后，竟然打上门来，这是始料未及的事情。

她骂女人无耻，骂男人始乱终弃，天底下所有难听的话语她如数抛出。

"这么多年了，你依然念着她。"女孩子拍门而去。

她依然不慌不忙，一脸优雅的表情："如果是以前，我肯定会大发雷霆，现在无所谓了，气大伤身，我没做亏心事，不怕妖精上门。"

他收拾了行装，风风火火地出了她家的门，找了许多人去说和此事，但女孩子就是不依不饶，许多中间角色吃了闭门羹。

怎么办？难道就让爱情随风飘散吗？他做出了最坏的打算。

他每日里酗酒成性，身体每况愈下。

当初，那个决绝离开自己的女人，竟然踢开了他的家门，在他的家中，她为他煲粥、熬中药，将他当成了亲人，夜晚时分，替他守候点滴。许多人说他们复合了，他的家人也打来电话庆贺他们。

那个女孩子，早已经哭成了泪人儿，每日里以泪洗面。

所有的人都以为这样的故事该收场了，而她则在某个黄昏敲开了女孩子的家门。岁月早已经将她修炼成了真的仙子。

她坐在女孩子面前，语重心长地说："你如此任性，是得不到幸福的，他身体那么差，你仍然如此作践自己和他，如果生命没了，拿什么谈爱情？

　　"他如此爱你，每天晚上做梦都喊你的名字，我拿什么身份有机可乘？

　　"你才她的红粉佳人，我只不过是他的前尘往事，且行且珍惜吧！错走一步路，便是万丈悬崖。"

　　那个当初与他决绝离婚的女子，竟然以这样的方式重新撮合了他们的爱情，不是我的，我不会强求，你才是他的红粉佳人。

　　度量是一个女子成熟的标志，而在爱情面前，能够拥有如此胸怀的女子，更是世间难求。

# 愿你有个
# 如我一般的人

分手三年，她一直关注着他的一举一动，只因他带着他们的女儿艰难地生活着。每每与女儿相逢，她最关注的便是他的生活状态。在女儿的心中，他是高大的父亲，而她当初的决绝却使得女儿感到气愤，在很长一段时间内都与她冷战。

如今，一切都回不去了，现在的她，已经重新嫁人。现任丈夫是个有钱人，在得知她以前婚姻的不愉快后，更是对她加倍疼惜，她就像他手中的宝，不可能让别人抢走。

她曾经以各种各样的方式补贴前夫与女儿，均被他无情地拒绝，他决不要女儿食嗟来之食。

他一直单着身，兴许是她当初种下的爱情蛊起了作用：她当时图口舌之快，为了报复他的不可一世，一气之下说了许多不着边际的话，谩骂、威胁，最后，她竟然诅咒他一辈子都不会找到心爱的女人。当年情景，历历在目，现在想起，却让她寝食难安。

　　这样的蛊，现在看来，只是一时气盛而已，她多么渴望他能够重新拥有一个疼他爱他的女人。她需要安慰，需要关怀，尽管回不去了，但如果能够回去，她宁愿重新选择他。他是个知心知性的男人，对她而言，他不仅仅是一个好丈夫，更是一个好父亲。

　　她仿若得了心病，整晚都在为那爱情蛊而郁郁寡欢。疼她的丈夫很快便发现了端倪，细细询问之下，她在某个午夜终于将心事和盘托出。

　　她原本以为他会怒火中烧，既然已再婚，她怎能如此惦念旧人呢？可现任非但没有露出怒色，反而静下心来替她分析，她诧异天底下竟然有如此包容大度的男人！

　　"种下的蛊，是可以收回的。"两个人窃窃私语，商量了一套好计策。

　　有天，已经工作的女儿领了一个保姆回家，原来保姆中年丧夫，这些年形影相吊，女儿心疼父亲，便找保姆来替他料理日常家务。

　　自此，家里便有了一个与他说话的人，经过长期接触，他发现这个女人竟然如此贤德：每天辛苦地打扫卫生，把他出门应酬需要穿着的衣服熨帖整齐，就连他的起居生活都照顾得无微不至。他不禁感叹，上哪儿去找这么贴心的女人？

　　他竟然对保姆动了心，却不想动了心的不是他一人，而是双方。通过女儿的精心筹划，两人迅速地跌入了爱河里，不能自拔。

　　婚礼当天，许多人竟然不请自来。特别是当他看到了自己的前妻，女儿挽着她的胳膊，尽管她一脸恬静，他还是感到尴尬万分，她是来踢场子的吗？难道真要咒他一辈子难以幸福？他胸闷难忍，久久不能平复。

　　"我是新娘的亲戚，怎有不来的道理？"原来，新娘竟然是她现任的堂妹。她当真是来送祝福的。

　　接过司仪手听话筒，她与她的现任一起向他们发出了幸福的祝福。

　　"三年前，我亲手种下的爱情蛊，今天终于收回了，愿我们每个人都能够拥有自己的幸福生活，我祝福你们。"

　　由于她的现任将自己的堂妹介绍给了他，大家才得以有如今皆大欢喜的收场。不得不承认，这样的爱情，要比吃醋、撒娇、嫉妒的结尾丰满许多。

　　"这真是一场传奇般的爱情故事。"观众们不约而同地起身鼓掌，甚至不惜拍红了手，为他们这样圆满的爱情结局而赞叹。

　　此时，四双手也紧紧地握在了一起。收回了爱的嫉妒，他们都拥有了属于各自的幸福。

# 有些爱,
# 是可以辜负的

　　他是一个情场老手,与她认识前,在外面早已经惹下了万千纠缠。只是遇到了清纯动人的她,她虽然羞涩,却言语如刀,她警告他放弃种种过往。以前的事情,属于过去,她无从参与,但现在已经结了婚,万条小溪归大海,爱拥有绝对的垄断权。

　　她十分关注他的一举一动,像他这样的男人,总会在不经意时故态复萌。而她,为他的这种疯狂开下了良方。爱情,也需要未雨绸缪。

　　在他母亲的干涉下,他们约法三章:

　　忘掉以前的种种,相好的、暗恋的、依然一往情深的,统统扔进战壕里;过好现在的生活,不吵不闹,婚姻生活需要笑容满面;遇到问题,要公平处理,世间最可耻的事情,就是背叛爱人。

　　警钟长鸣,他将这份章程随身携带,避免自己重新误入歧途。

　　可是,当他遇到了一个风情万种的女人时,又忍不住动心了。两人一拍即合,那个女子将他所谓的章程撕了个粉碎。

他开始频繁地出差，一切缘于不正常的理由。

她看在眼里，忧在心头，半年后，在一个不起眼的小旅馆里，他被她安排的眼线抓了个正着。

本来以为这场爱情就此不欢而散，娘家人咬牙切齿地前来兴师问罪，而独有她，却出奇的静。最后的结果，她竟然是原谅了他：但只可一次，不可再犯。

谁不知道这都是傻话，男人的誓言都是沙，沙怎能禁得起岁月与时间的冲刷？

三年后，他又与一个女业务员打情骂俏。

风江山易改，本性难移。

她没有打骂，没有争吵，一纸离婚协议书，摔在风中。

自然而然，说和的人蜂拥而来，她早已是人老珠黄，没了风韵，过了这个村，哪还会有这个店呢？

她只扔下一句话："我对他，已经打了一次折，我们的爱，不是自由市场的摊贩，可以无穷无尽地打折卖下去。"

这个瘦弱的女子，决绝地与他分道扬镳，独自一人领着孩子，艰难困苦，玉汝于成。

人生难免会犯各种各样的错误，包括爱情。一次背叛，兴许有原谅的可能，但绝不给你第二次机会。爱情不是商品，打一次折，已经是最大的宽容。这世上，没有可以一直打折的爱情。

# 与爱无关的事，
# 也很重要

结婚时，他们便约法三章，除了爱情外，彼此给对方留足空间，不窥探对方的隐私。每个人都有自己的朋友，她婚前便与一帮闺蜜们相交甚好，每周聚会一次已成为惯例；他有一帮酒友，闲暇时就聚在一起胡吹乱侃。

他们始终认为：爱是彼此的，但个人是自由的。

他们的婚姻生活度过了漫长的磨合期，在此期间，他们争吵过、打骂过，但毕竟坚持了过来。他总是忍让着她的小性子与小自私，因为她是个小小的文员，十年的打字生涯，早已经让她对事业变得麻木不仁。

工作中难免会遇到一些不愉快的事情，但他们形成了一种观念：绝不在彼此面前谈工作。

因此，他习惯了沉默。她在厨房忙碌时，他会默默地打下手，有时候一个动作也是快乐的映衬。而她则认为，说话不是他的特长，倒不如就这样安静地陪她忙碌着。

　　一个阳光灿烂的午后，她出去办事，竟然在拐角处，发现了正与一帮
朋友闲聊的他。他是个出租司机，开了十多年的车。当时，他没有生意，
便与一帮哥们聊国内与国际形势。她头一次发现他竟是谈吐不俗的人，在
一帮哥们中，他成了主角，一旦他插话进来，其他人只有洗耳恭听的份。

　　她苦笑，觉得十年的婚姻生涯，让他们彼此背负了太多的沉重。

　　后来，她的事业倒是风生水起了，由于单位改制，竞争上岗，她资格
老，对每个部门的工作都熟悉，新任老总慧眼识英，让她当上了副主任。
一年后，她竟然成为公司的副总经理。

　　那天回家，她本来想将这个好消息告诉他，却发现他正躺在床上睡大
觉。原来，他与别人倒换了夜班。她的好心情顿时消退了，摔门而去。到
了晚饭时间，他打电话问她，她没好气地回答："我晚上有饭局。"

　　果然是有饭局，她当上了领导，业务多了，应酬也多了。

　　这之后，他们之间的隔阂越来越多。她接触的都是些高层人物，举止
大方，谈吐不凡。他只是个普通的出租车司机，净说些江湖风月，有时候
一些荤段子也会在他的嘴里蹦出来，实在是不识时务。

　　她的工作出现了麻烦，一单业务，由于她心情不好，竟然进入了僵持
状态。加上她平日里在公司独断专行，一帮下属集体找老总弹劾她，她瞬
间跌落谷底。

　　晚上回家时，她委屈地向他哭诉，他怔在那儿，不知道如何安慰。

　　如果一个男人在一个女人面前拙嘴笨腮，那意味着他很在乎你，可女
人感觉不出来，觉得他无能，没有本事为她排忧解难。她一气之下搬到了

单位宿舍，不再回家。

就在她搬到单位宿舍的当晚，他给她发了一条五百多字的短信，告诉她渡过难关的办法。原来，他知道她在公司面临的危机，包括她日常处事的一些秘密。

一则短信，让她破涕为笑，原来他对她的关怀早已入骨入髓。看不出来，平日里对公司业务不熟悉的他，竟然知道上司与下司之间相处的原则。

她从单位出来，已经是深夜，一辆出租车，准时停在她单位的门口。她习惯性地说："幸福小街十一号。"

对方回过头来，却是他，憨憨地一笑，胖胖的脸上满是幸福。

她不知道，他很早就了解她在公司的事情。当然，这都是他从她的同事那里旁敲侧击得来的。为了解燃眉之急，他翻阅了大量处世书籍，请教了许多公司的老总。

在她如日中天时，他不去打扰她的秘密；而她低落谷底时，他却及时出现，用自己的爱，抚慰她的心，帮她渡过难关。

路过一家按摩店时，她要求停下车来。她跑到按摩店里，抱起一台按摩器上了车，她对他说："给你买的，按摩用，治疗你的颈椎病。"

每个人都有自己的秘密，许多秘密，与爱无关。但那些与爱无关的秘密，一样可以拿来分享，分享快乐，也要分享忧愁。